大小建筑系列 · 第2辑

主编 李瑶

特别鸣谢：Parklex® JUMY 筑美®

关于我们

ABOUT

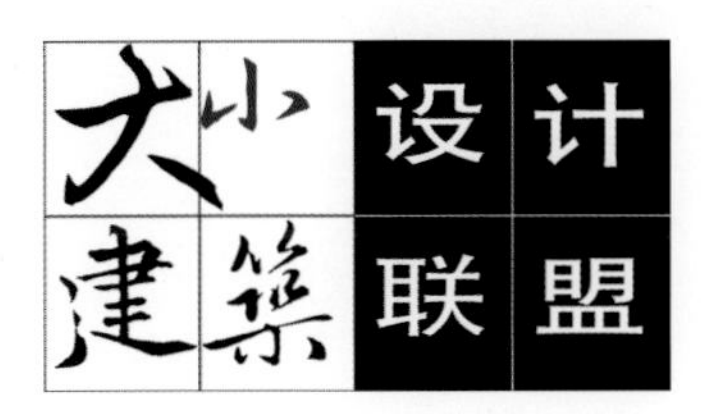

上海大小建筑设计事务所有限公司

建筑设计

上海易赞建筑设计工程有限公司

结构设计

创羿（中国）建筑工程咨询有限公司

幕墙及 BIM 设计

上海路盛德照明工程设计有限公司

灯光设计

上海高美室内设计有限公司

室内设计

上海迪弗建筑规划设计有限公司

景观设计

……　　……

自序

PREFACE

2014 年 9 月，大小建筑进入了成立后的第四个年头。

经历了三年的市场洗礼，我们对于当初目标的认定有了更多的认识和思考。四年前怀揣对建筑师职业规划的憧憬，试图寻找到建筑师对项目及市场的准确定位，以“小而精致、大至精彩”的设计精神创作作品。前行的道路充满了经历和故事，离开了组织的依靠，职业范围也在设计之外得到了延展，面对逐渐回落的市场以及已纷纷占位的市场划分，项目的获取也带着更多的曲折性，激情慢慢在柔化。庆幸在前行的道路上得到诸多业主们的支持，我们承接了一些不同类型的项目，可以在实践中体现出我们的态度和追求；也有幸得到了联盟成员的支持，从设计的支持到技术的探讨，依然可以让我们以小见大；更值得庆幸的是我们在实践中发现了不足和方向，这些将通过团队的努力在未来的过程中继续改变和提高。

大小建筑联盟于 2013 年 2 月成立至今，基于长久的合作基础，更抱着共同打造专业合作平台的理念，希望以专业化的背景去实现团队对市场的合力。若干次的联盟技术论坛试水般地尝试交流、拓展和合作，也在可行的项目中实验组合的成果。我们依然充满了调整和革新的渴望，且行且思量。

每年此刻，借助这套丛书，希望对大小建筑以及大小建筑联盟的所做、所思、所感，有个阶段性的回顾和展望，也希望坚守着我们的信念，继续前行。

目　录
CONTENTS

联

UNION

整体鸟瞰图

安吉城东城市综合体

地　　点：浙江省安吉县
业　　主：安吉经典置业有限公司
类　　型：商业办公综合体
建筑面积：115 898m^2
设计阶段：方案设计/初步设计/施工图设计
设计时间：2013-2014年
合作单位：创羿（中国）建筑工程咨询有限公司
上海迪弗建筑规划设计有限公司
上海路盛德照明工程设计有限公司
上海中建建筑设计院有限公司

提取“凤仪竹篁”为概念主题，打造未来整个区域的城市商业新地标。以商务办公、休闲度假、山地人居为一体的多功能业态构成。西侧地块定义为酒店及办公，东侧地块为两栋独立的酒店式公寓，以“绿色峡谷”的概念，实现体验式商业的模式。

安吉大道视角夜景图

1.一个公园化商业中心

层层退台的立体式“购物公园”体验，构建一个集市民休憩娱乐、体验型互动商业、创意绿色生态的区域活动中心。精品商业与常规零售商铺，以立体式商业模式，创造具有层次感的氛围。

2.一个新型的城市会客厅

项目既是时间型消费，又是激发型消费与体验型消费的融合。生活与商业融为一体的商业模式，成为城市入口汇聚交流的“会客厅”。

3.一个城市地标

我们所追求的是形成具有鲜明主题性的“城市绿肺”，打破常规，成为在景观中布局所有功能，从而使其拥有独具魅力的园林景观艺术，构造出美妙休闲的公园体验，增加了回归自然的感受。以绿色生态的基调提升周边酒店区域、住宅区域的生活环境品质。

整体建筑形体体量分析

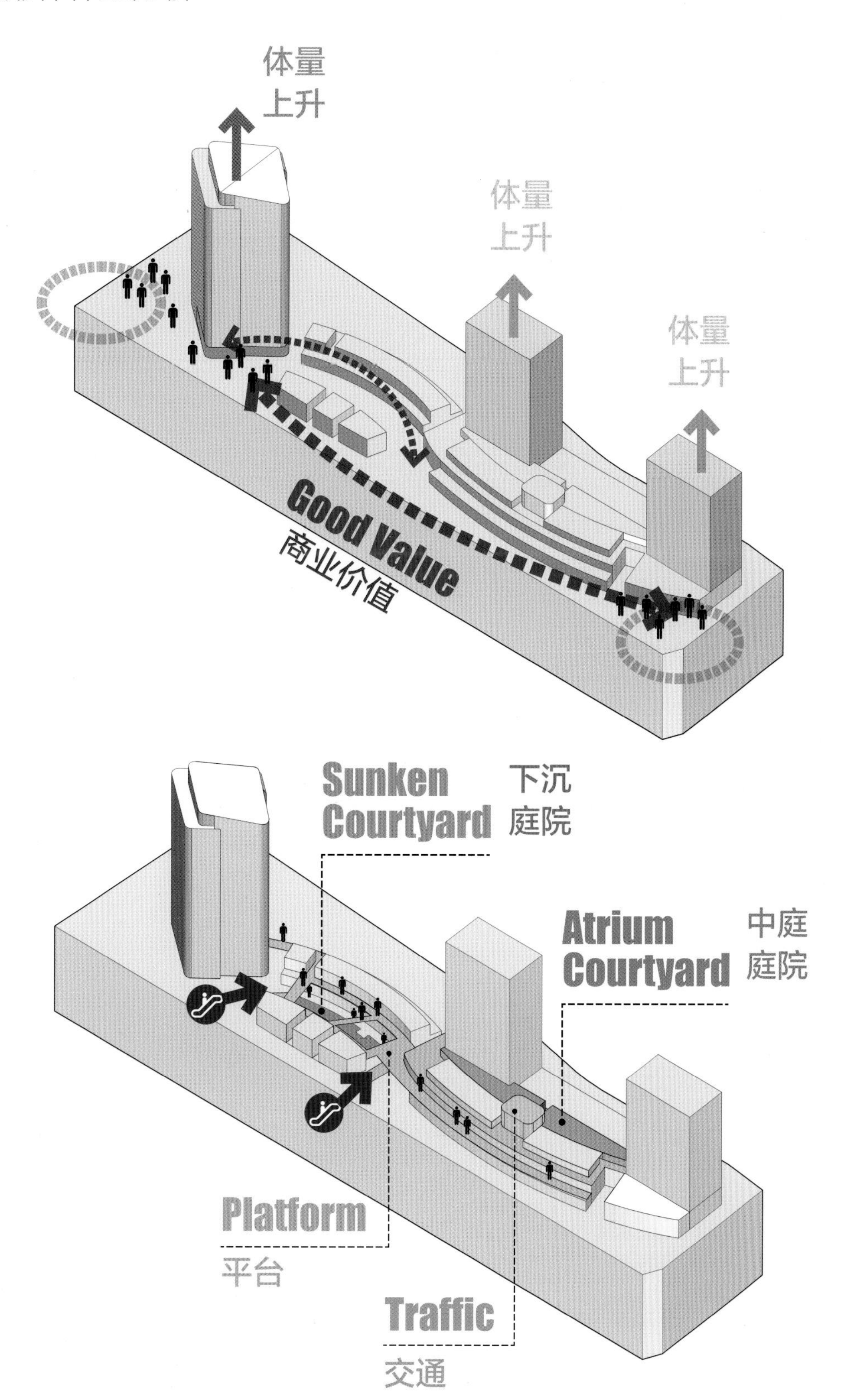
体量
上升
体量
上升
体量
上升
Good Value
商业价值
Sunken
Courtyard
下沉
庭院
Atrium
Courtyard
中庭
庭院
Platform
平台
Traffic
交通

各层平面图

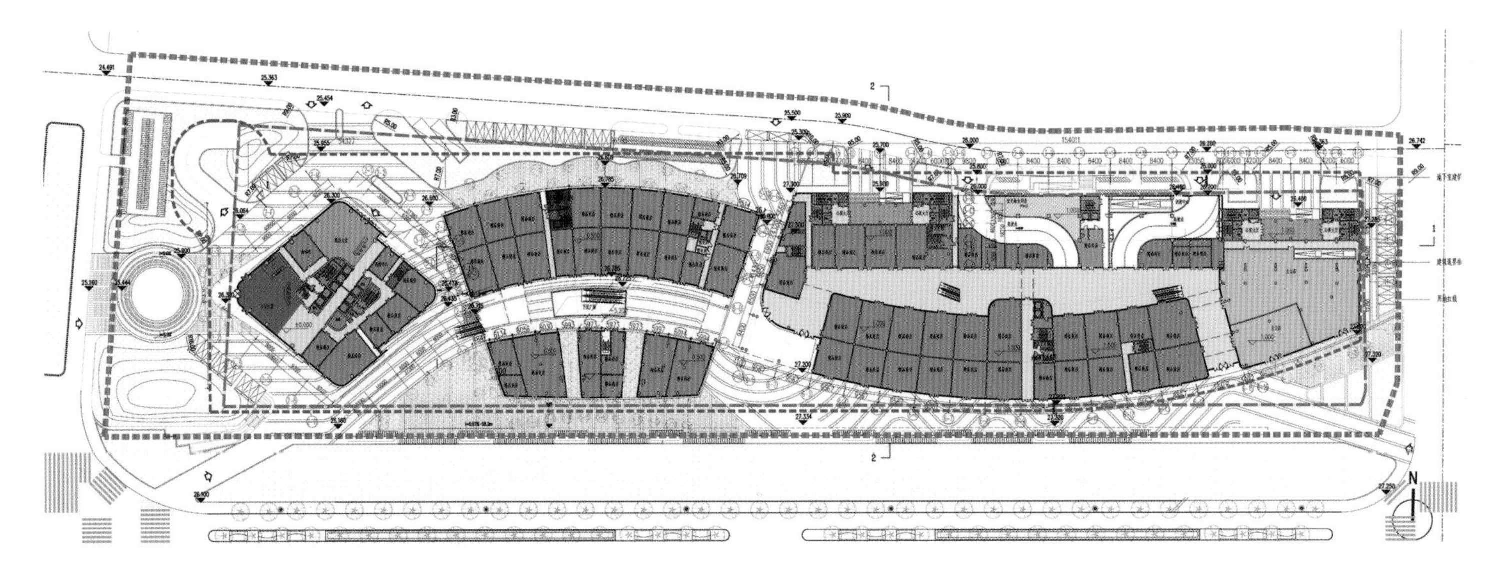

一层平面图

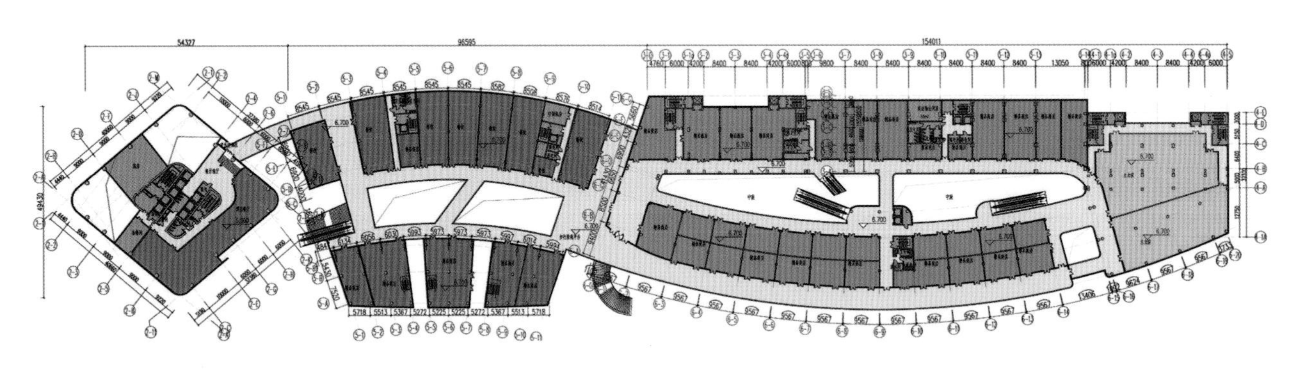

二层平面图

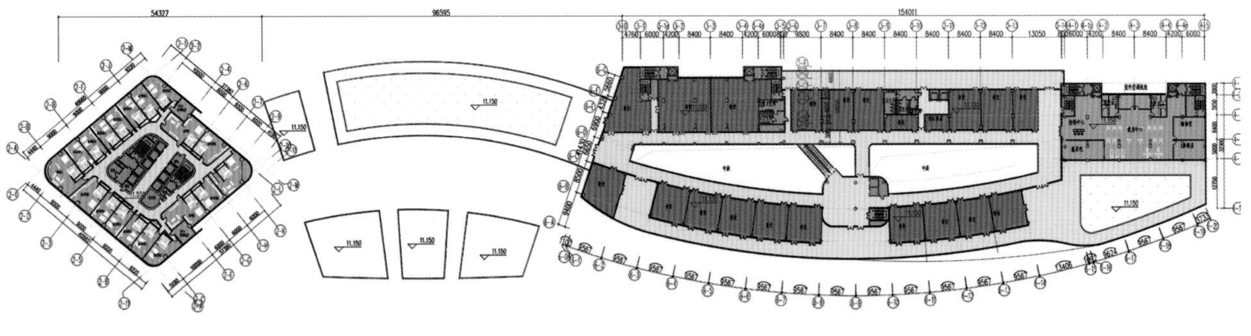

三层平面图

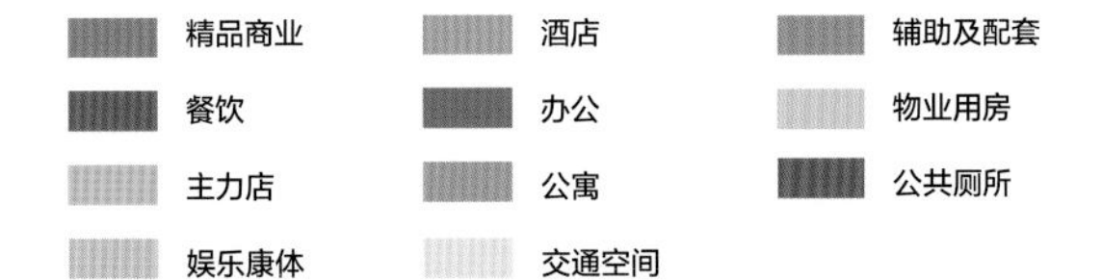

办公塔楼形体体量分析

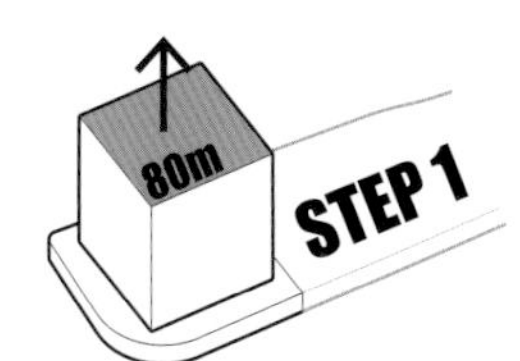

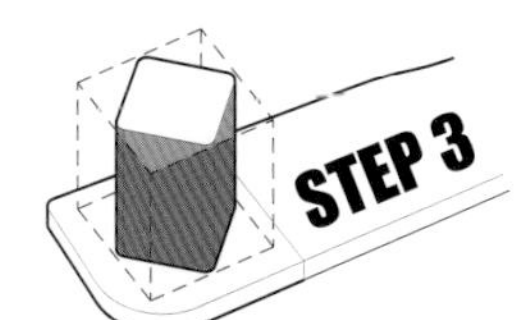

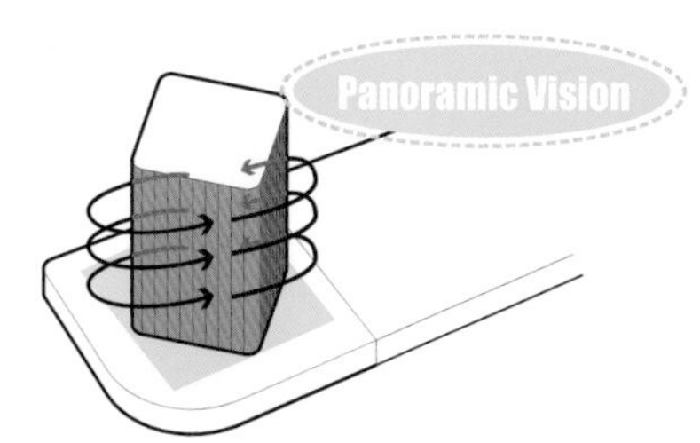

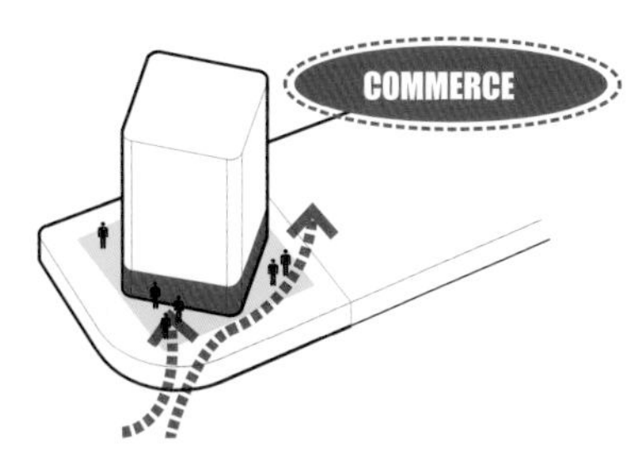

安吉大道视角黄昏景

幕墙设计

EFC

本项目由酒店办公塔楼、酒店式公寓塔楼及裙房组成，整个项目外立面造型新颖，蕴意丰富多彩，建筑立面效果结合“竹节”、“竹衣”及“竹编”概念展示出这个城市独有的特征。

右图中：

· TA01 系统为酒店办公塔楼的“竹节”；

· TA02 系统为酒店式公寓塔楼的“竹衣”；

· TA03 系统为酒店办公塔楼低层区域及裙房幕墙的编织网格即“竹编”。

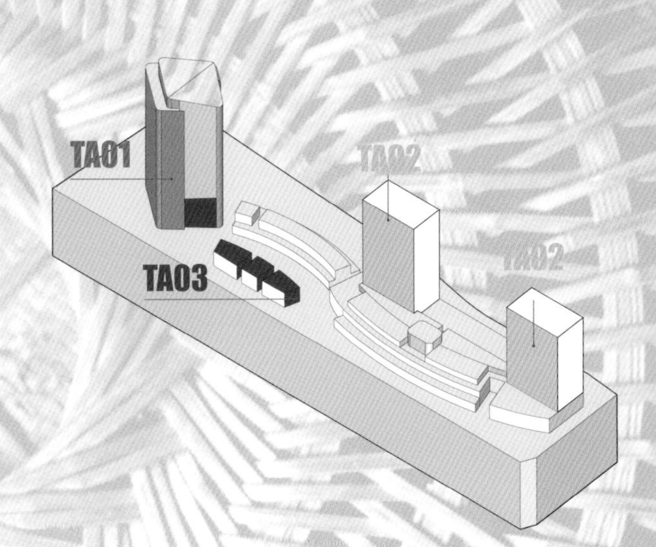

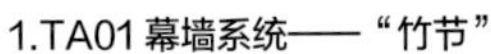

1.TA01 幕墙系统——“竹节”

本系统位于酒店办公塔楼外圈立面，整个立面上的装饰线条凸出玻璃基准面有300mm、600mm及900mm的尺寸，建筑师采用进深变化的装饰线条加上立面弧形变化点布置，体现了“竹节”的设计概念。

各装饰线条相接点处，装饰线条300mm的进退尺寸变化，往上竹节递减。

其典型大样图如图1；装饰线条的幕墙节点如图2。

· 采用竖明横隐系统，隔热断桥铝合金型材；

· 玻璃类型：8mm超白钢化+12A+6mm钢化中空LOW-E玻璃；

· 层间非透明材质：玻璃背衬铝板；

· 开启窗：上悬窗，手动开启方式。

2.TA02 幕墙系统——“竹衣”

本系统位于酒店式公寓塔楼南立面，整个立面上的装饰线条宽度及进深尺寸变化，建筑师采用变化的装饰线条加上立面弧形变化点布置，体现了“竹衣”的设计概念。

各装饰线条相接点处，装饰线条宽度方向左右对称各递减100mm，进深方向递减200mm尺寸，分层递减。

其典型大样图如图3；装饰线条的幕墙节点如图4。

· 采用隐框幕墙系统，铝合金型材；

· 玻璃类型：8mm超白钢化+12A+6mm钢化中空LOW-E玻璃；

· 层间非透明材质：玻璃背衬铝板；

· 开启窗：上悬窗，手动开启方式。

3.TA03 幕墙系统——“竹编”

本系统位于塔楼低层区域与裙房立面及屋顶中，整个立面将竹藤的编织纹样融入建筑设计中，编织变化的网格体现了建筑“竹编”的意境。

立面编织的建筑效果A由装饰钢架完成，其中装饰钢架3A挑出玻璃面距离150mm，在与其上部玻璃装饰线条连接处采用斜线拼角处理方式，其大样如图5。

立面编织的建筑效果B由装饰钢架完成，其中装饰钢架3B挑出玻璃面距离1300mm，装饰钢架的表面由氟碳喷涂处理，其剖面及三维如图6。

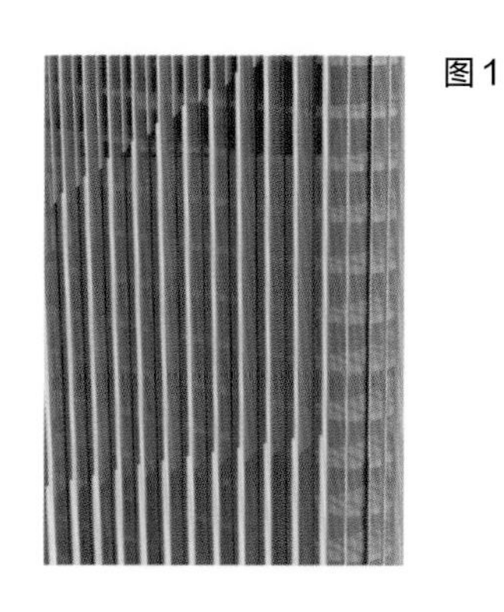

图 1

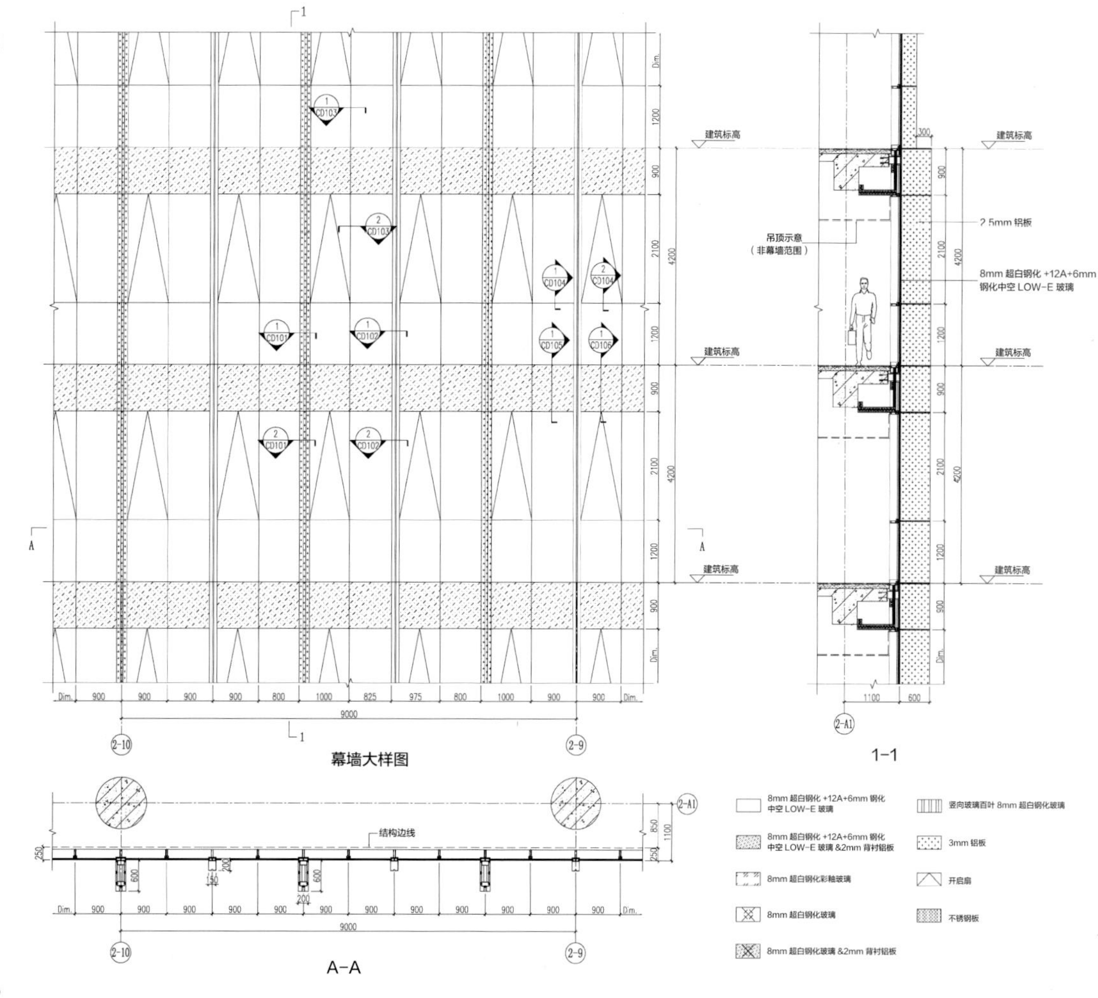

幕墙大样图

1-1

A-A

图 2

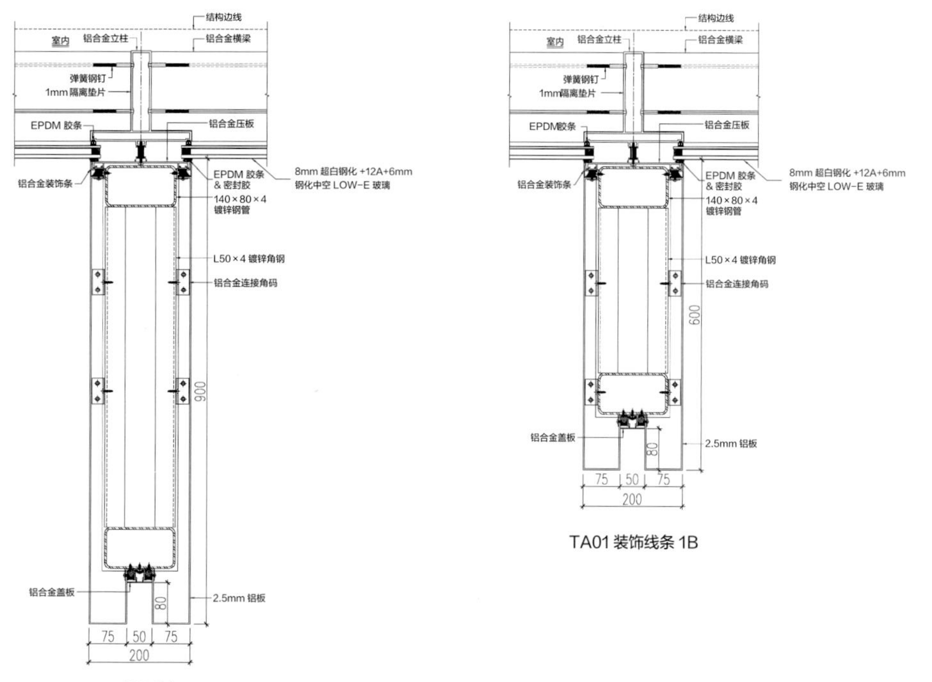

TA01 装饰线条 1A

TA01 装饰线条 1B

图 3

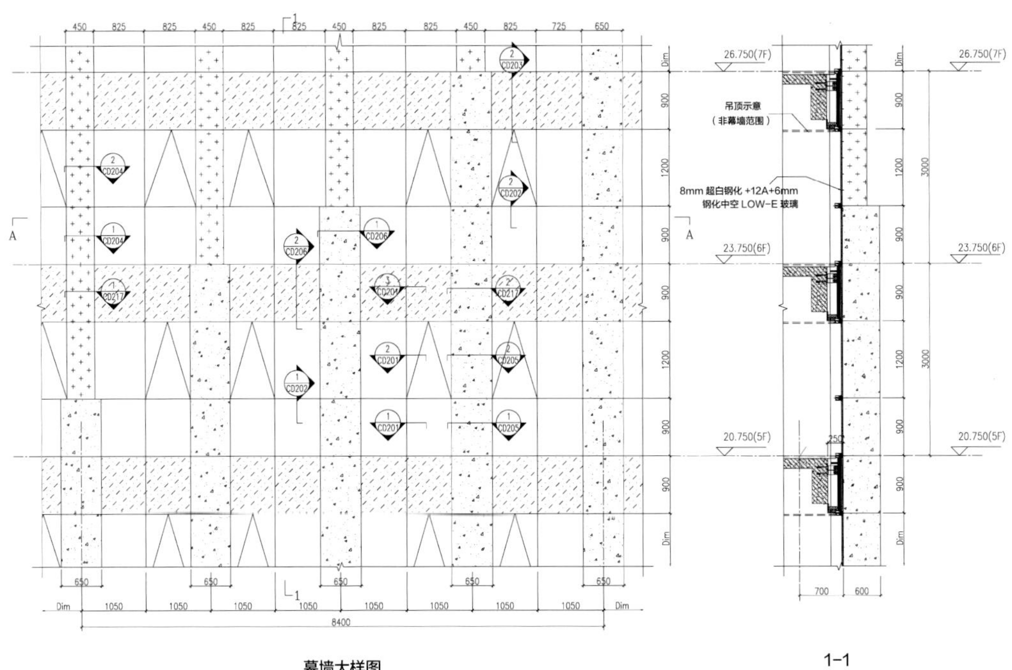

幕墙大样图

1-1

结构边线

A-A

8mm 超白钢化 +12A+6mm 钢化中空 LOW-E 玻璃

8mm 超白钢化 +12A+6mm 钢化中空 LOW-E 玻璃 &2mm 背衬铝板

上悬开启扇

30mm 厚石材

图 4

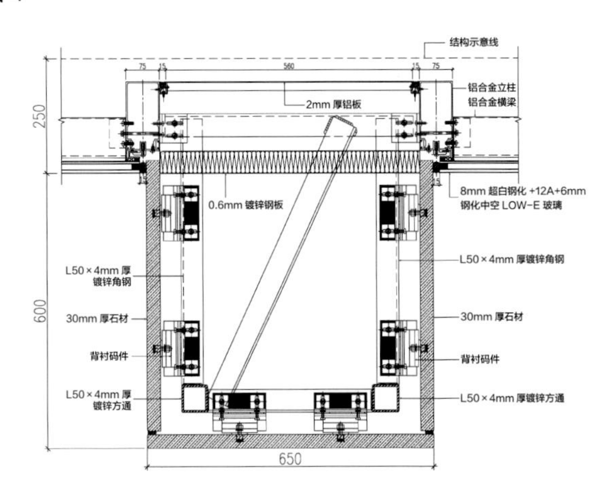

TA02 装饰线条 2A

2mm 厚铝板

结构示意线

铝合金立柱

铝合金横梁

铝合金副框

8mm 超白钢化 +12A+6mm
钢化中空 LOW-E 玻璃

泡沫棒 & 密封胶

L50 × 4mm 厚镀锌角钢

3mm 厚铝板

L50 × 4mm 厚镀锌角钢

TA02 装饰线条 2B

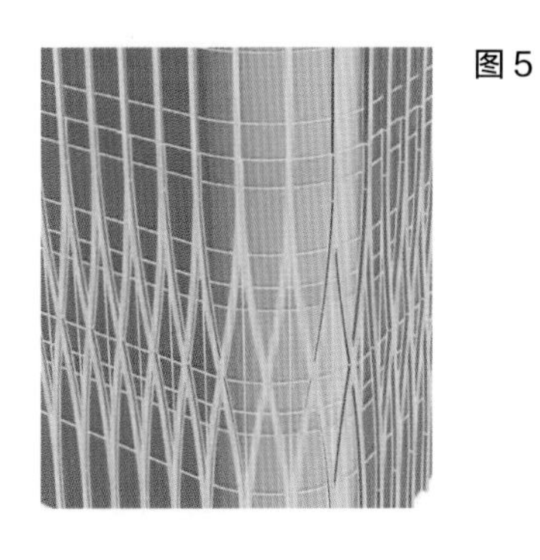

图 5

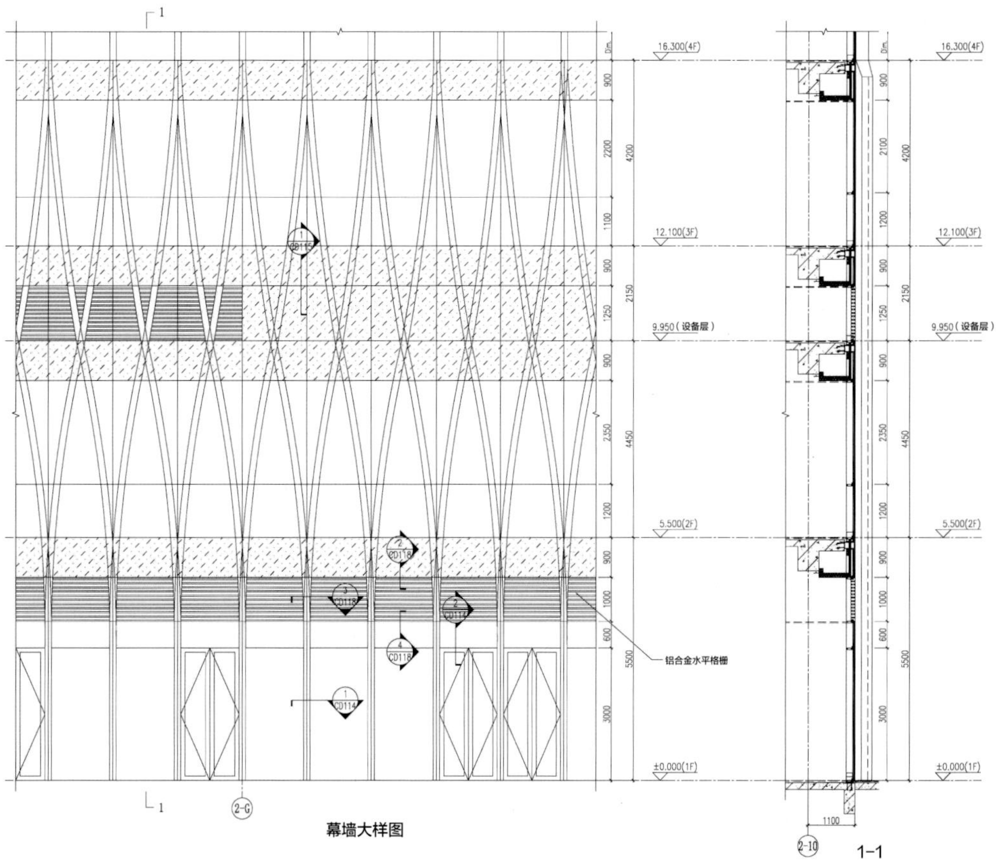

幕墙大样图

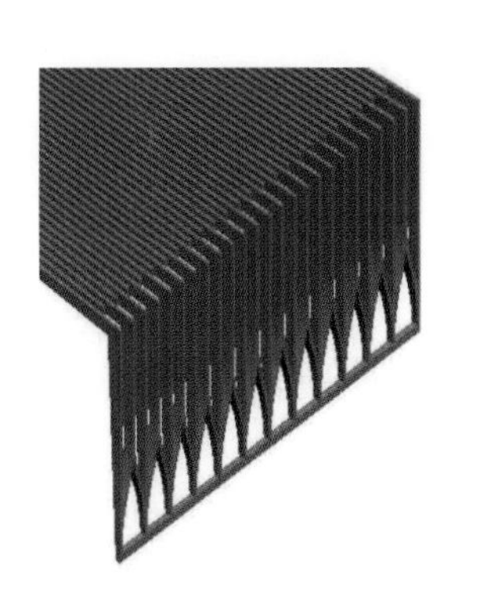

图 6

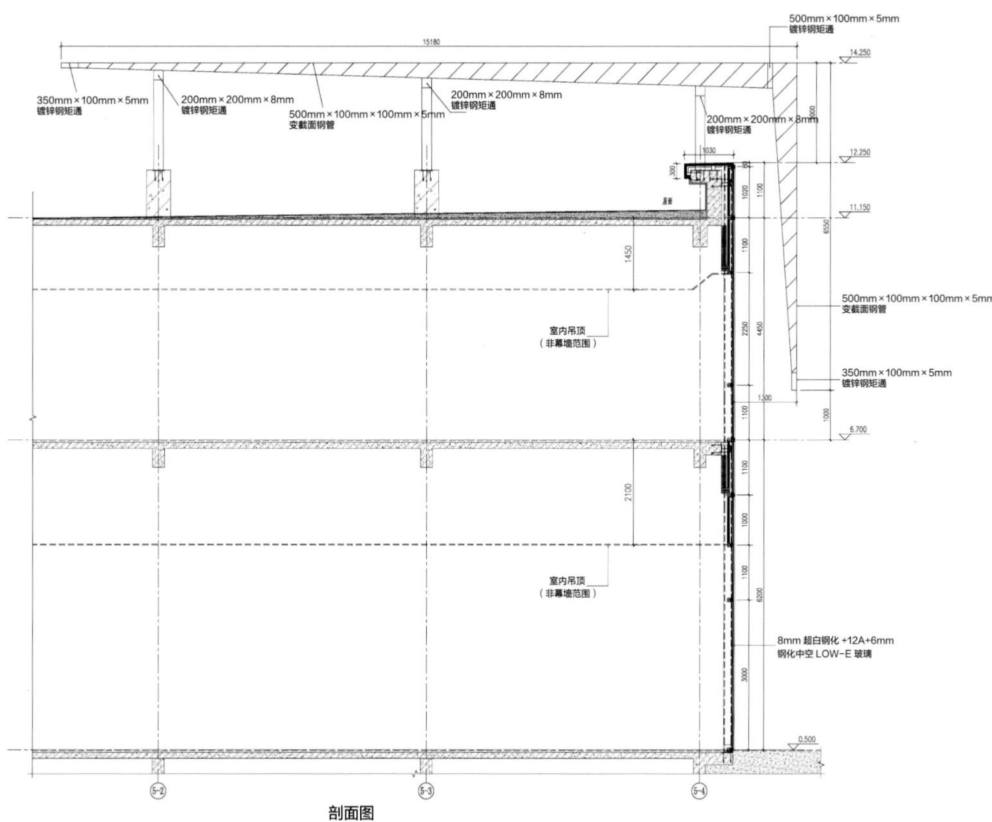

剖面图

景观设计

迪弗

景观设计效果鸟瞰图

绿谷秀水 · 汇金慧景

安吉以竹海闻名，葱郁的竹林、清澈的溪流，幽静高雅的自然风光加上充满野趣的小竹楼赋予了安吉与众不同的清新与灵气。结合建筑“绿谷”综合体的概念，在景观上与建筑保持高度的统一性。

设计师希望从安吉美丽的自然景观中提取设计元素，将“绿谷”，“秀水”抽象化、几何化并与“竹”相结合，表达出属于地域的意境与情怀。

翠竹拔地耸，溪水绕林间，情侣扶腰渡，妇儒携手攀，童顽草地滚，道窄人潮翻，最是人间天堂处。景观意象从安吉美丽的自然景观中提取设计元素，建筑为静，商业环境为动，景观以“水”为要素，将它很好地引入进来，与“绿谷”结合起来，同时将它们抽象化、几何化与“竹”相结合，表达出属于安吉的意境与情怀。

1.环境嵌入——建筑与自然的纽带

城市综合体景观设计的成果是供所有消费者和服务人员共同使用的，因而首先决定了它要先以大尺度和大气度的概念来规划设计，设计从全方位着眼考虑硬质空间与软质空间的融合，在满足整个综合体外部流线的引导同时融入“绿谷秀水”主题景观。考虑到建筑的主体地位，设计时不仅关注与平面的构图及功能分区，还注重建筑上景观的立体层次分布，打造领先世界的“购物公园”体验，使整个景观设计真正成为一个四维空间作品，无论春夏秋冬、平视鸟瞰，都能令人获得愉悦的立体视觉效果。大量运用乔木、灌木、开花落叶树及常青树等形成了绿意满布的效果，平台、水景、屋顶花园、广场，以及安吉特有的竹子描绘出的竹林小径，勾勒出自然的公园感受，既补充了大量的负氧离子，也增加了回归自然的感受。

2.场所创造——创造人们喜爱的场所

（1）人、自然与建筑的共存空间，与当地文化息息相关的体现。

（2）市民休憩娱乐、体验型互动商业、创意绿色生态的区域活动中心。

（3）层层变化的立体式景观，具有认同感的个性化空间设计。

办公入口节点效果图

办公入口节点效果图

东南侧商业入口节点效果图

BAMBOO

1 2 3 4
5 6 7

1. 龟甲竹
2. 黄杆乌哺鸡竹
3. 阔叶箬竹
4. 孝顺竹
5. 倭竹
6. 金镶玉竹
7. 刚竹

屋顶花园景观分析

竹·径

以竹笋为设计主题，将其外形提炼为三角形的几何元素，折线形的道路，使场地富于变化。在满足使用功能的前提下，尽可能增加绿化面积，为游览者提供良好的视觉享受。

叶·语

以竹叶为设计主题，通过对竹叶的变形、分割，形成大小不一的空间，以灌木、草坪、卵石、细沙等不同材质进行混搭，形成丰富、对比强烈的视觉感受。不同质感的石材组成的小道，为整个设计增添了趣味性。在将入口处扩大的同时，局部设置了木平台，为游人提供停留的空间。

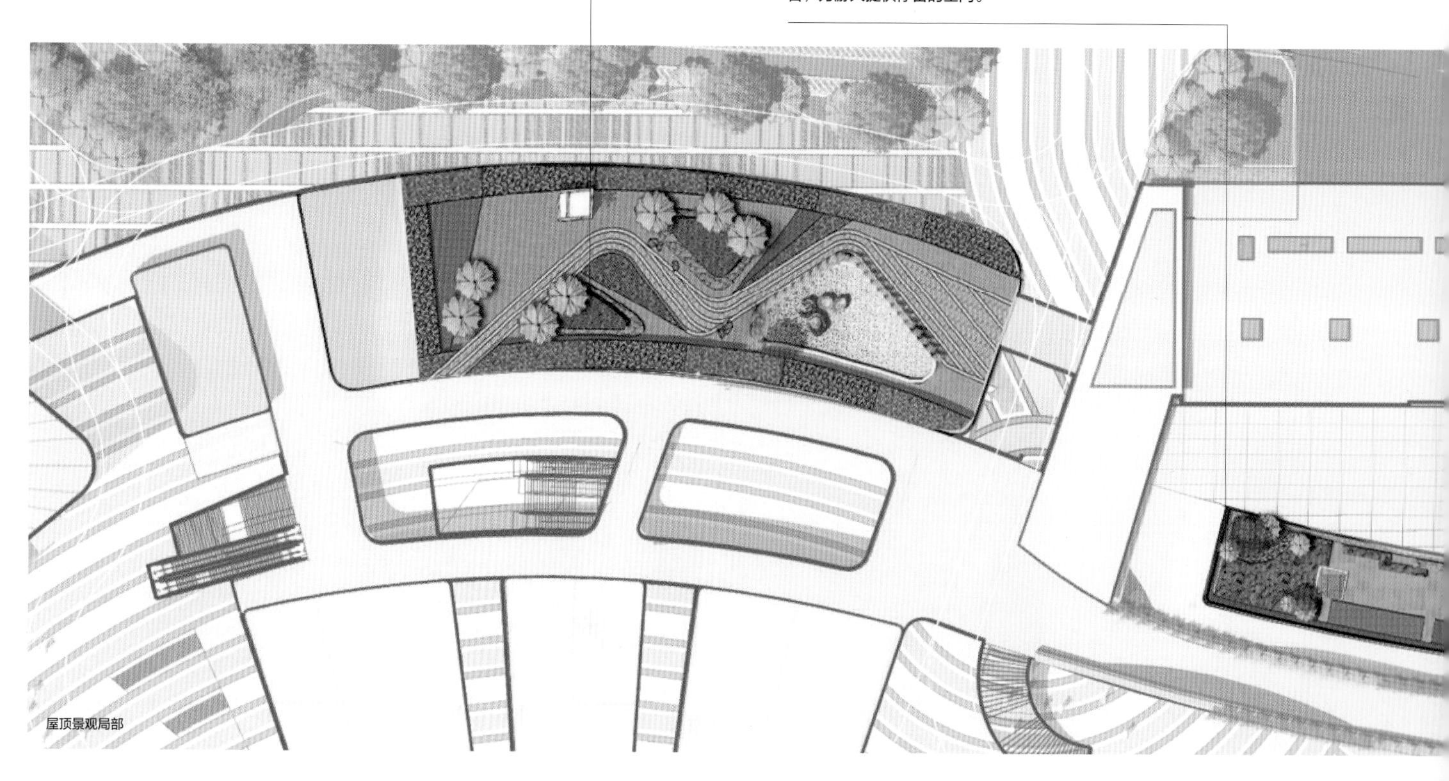

屋顶景观局部

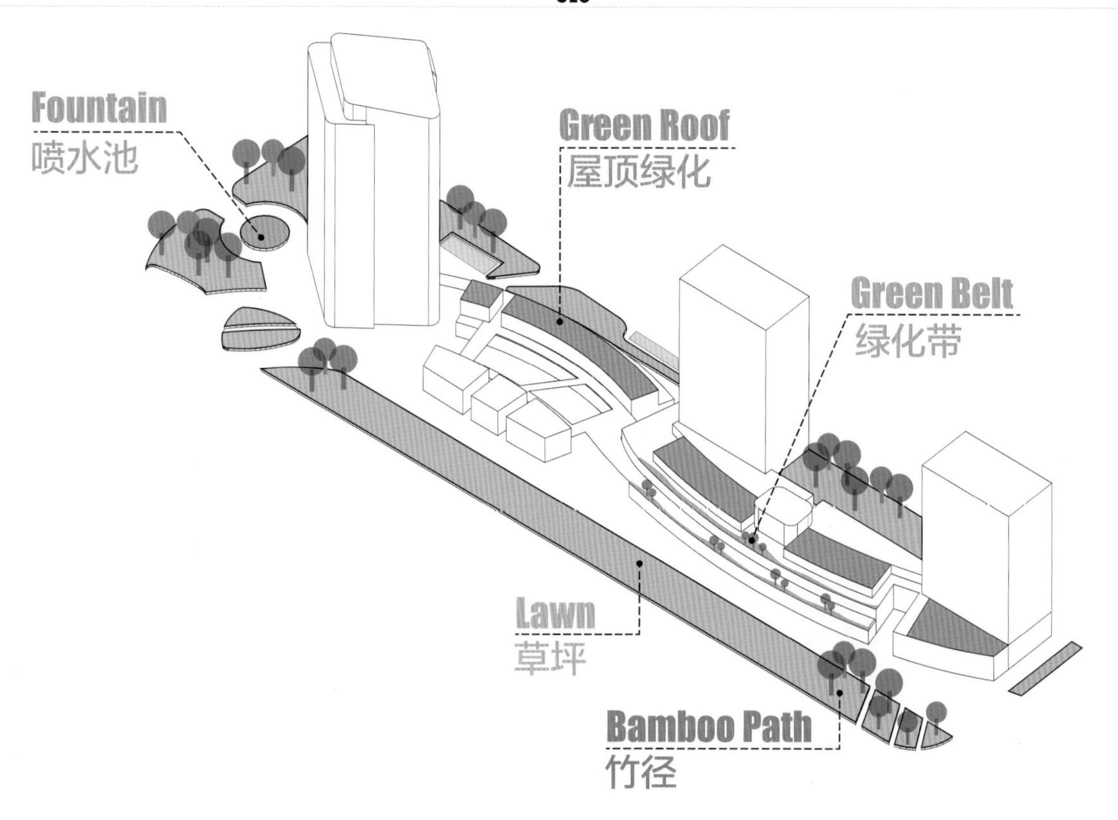

碧·谷

以竹节为设计主题，通过大量直线条的运用，体现了竹子挺拔向上的精神面貌。考虑到屋顶花园位于两栋公寓之间，设计时增加硬质铺装面积，为住户提供更多的活动空间。

慧·景

该屋顶花园面积虽小，但其位置风景极佳，是不错的观景地点。因此在设计时通过创造微地形，辅以大量的花灌木和适量的乔木，强化它的景观，增强其停留的可能，同时也为相邻的商户提供优美的外环境。

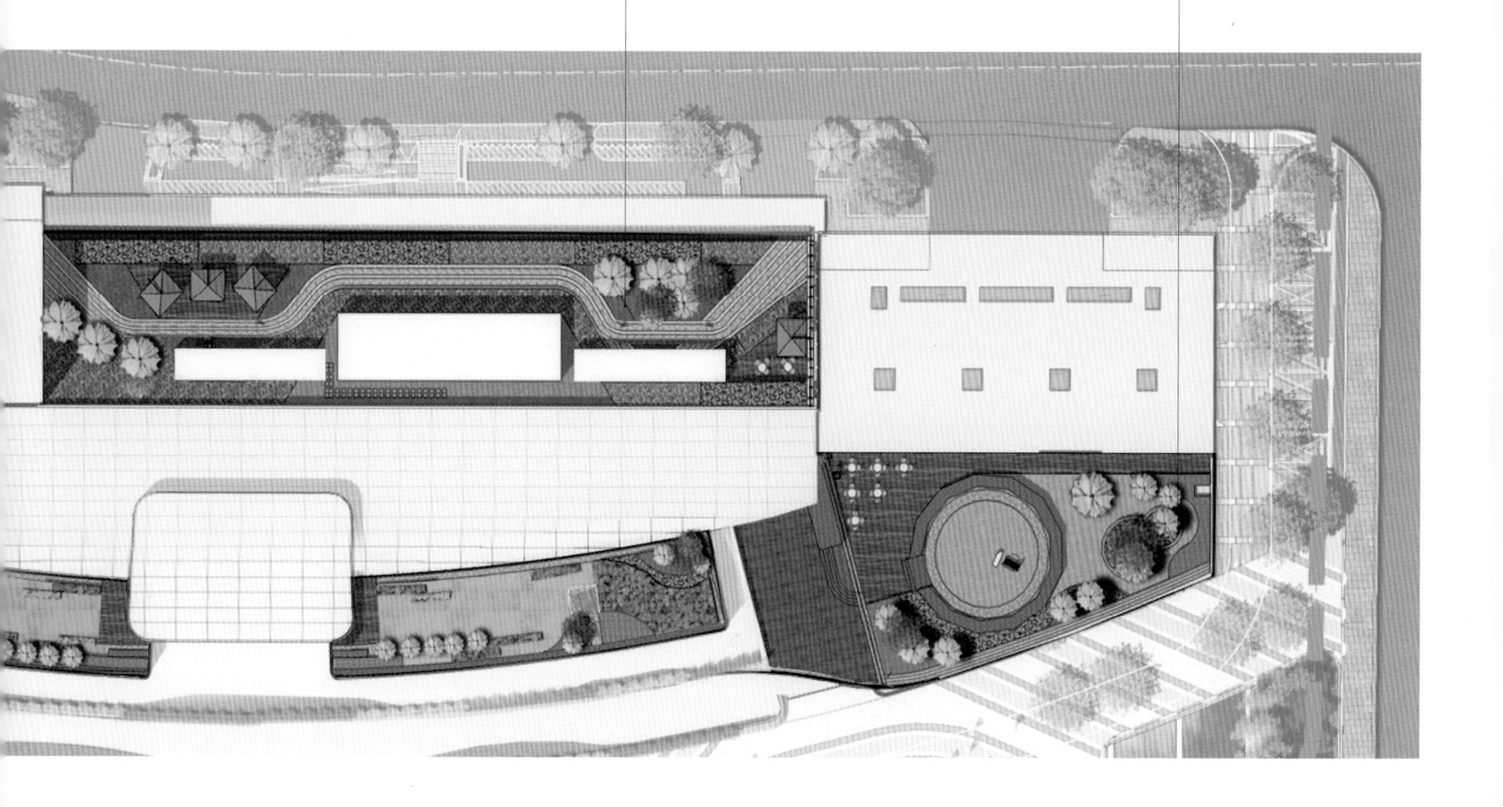

灯光设计

路盛德

建筑天际线：均匀的泛光

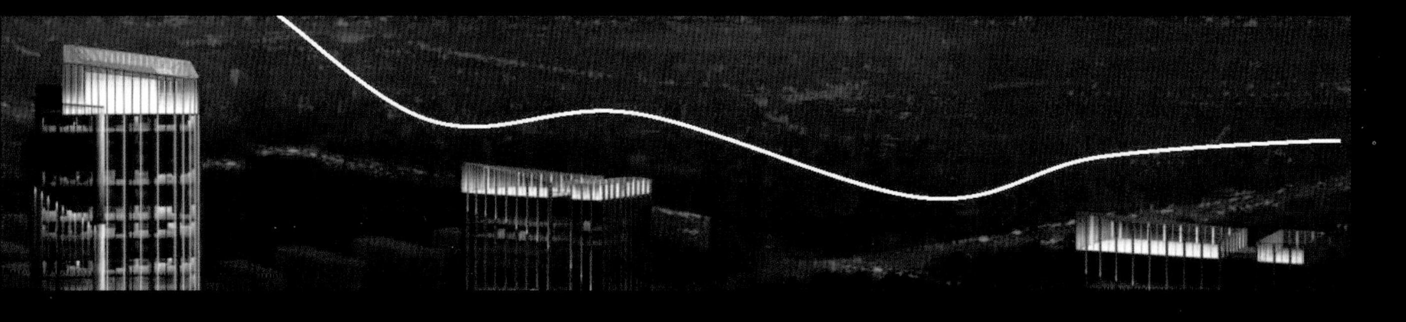

建筑广场灯光布置图

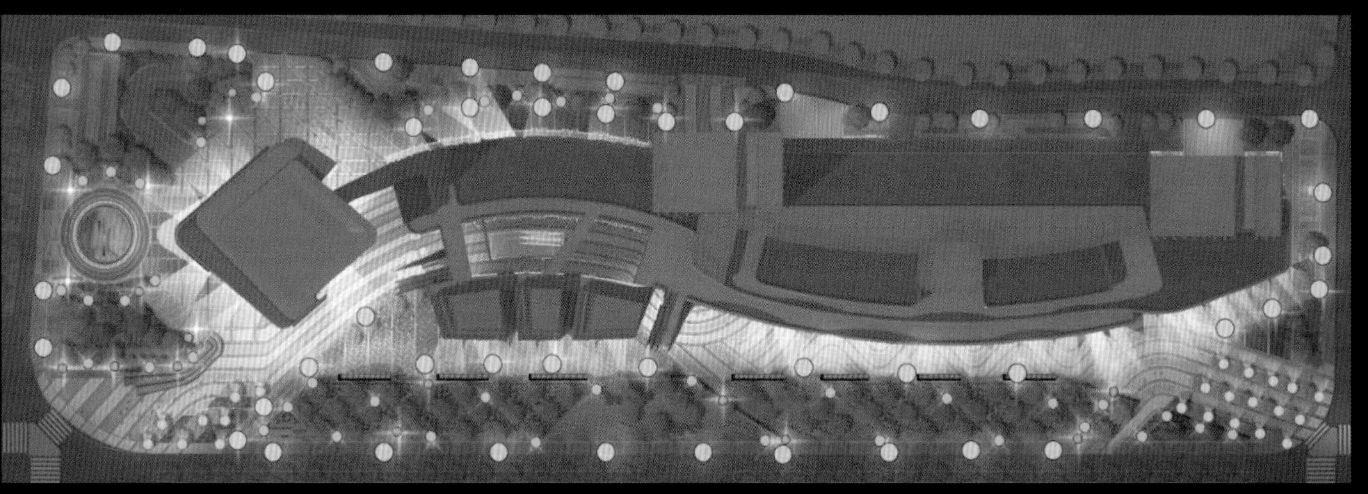

- 矮灯柱
- 草坪灯
- 道路高杆灯
- 特色商业灯
- 射树灯
- 地埋灯带

办公塔楼设计解析

灯光设计体现安吉的城市特色——“竹”。竹是一种充满变化，拥有多样可能性形态的自然元素，将竹藤的编织纹样、竹节的层层叠叠融入建筑设计中，能良好地契合城市风貌和格调，演绎城市特征的新形象。竹编、竹节以抽象化的手法阵列出现，弯曲层叠，展现几何美。

设计解析

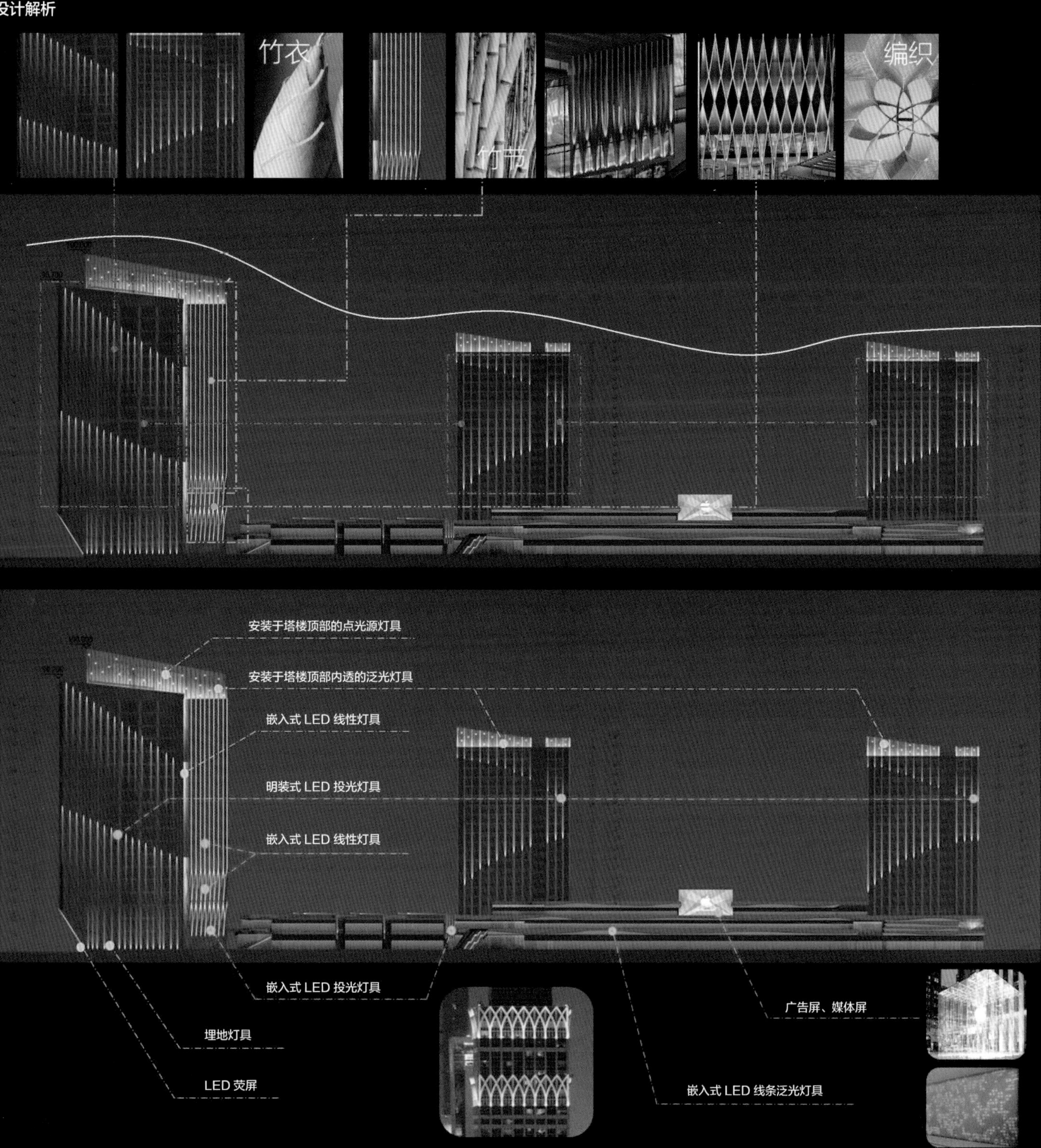

竹衣
竹节
编织
安装于塔楼顶部的点光源灯具
安装于塔楼顶部内透的泛光灯具
嵌入式 LED 线性灯具
明装式 LED 投光灯具
嵌入式 LED 线性灯具
嵌入式 LED 投光灯具
埋地灯具
LED 荧屏
广告屏、媒体屏
嵌入式 LED 线条泛光灯具

福州海峡文化艺术中心

整体夜景效果图

地　　点：福州市马尾新城三江口核心区
业　　主：马尾新城建设发展有限责任公司
类　　型：观演及配套展示中心
建筑面积：100 876m^2
设计阶段：方案设计
设计时间：2014年
合作单位：CCDI悉地国际
创羿（中国）建筑工程咨询有限公司

福州，别称“榕城”，这个具有2200多年历史的文化名城，地灵人杰，俊采星驰。许多关于福州的民俗、民间传说、方言熟语、传统工艺等为民众所喜闻乐见，潜行在闽都深厚的文化沃土中。设计时选取了福州最具代表性的城市形象——榕树，提炼其包容性和平台化的构想，希望在当今追求造型的建筑设计中，平衡出一个个性化与平民化的表达方式。将功能化的空间形成冠部以及底部开放式的城市空间，同时运用参数化的设计手法将榕树树叶的节奏反映在建筑实体表面上。

城市背景

福州植榕，古已成风。故福州有了“榕城”的美称。

榕树四季常青、枝荣叶茂、雄伟挺拔、生机盎然，象征着城市精神风貌。福州城区有古榕树近千株，蔚为壮观，可谓“满城绿荫，暑不张盖”。

福州与中国台湾一衣带水，是祖国大陆距台湾最近的省会中心城市，也是中国著名的侨乡和台胞祖籍地。榕台之间“地缘近、史缘久、血缘亲、语缘通、商缘深”。在推动海峡两岸合作交流中，福州市启动海峡文化中心项目，不仅仅是树立福州当地具有标志性的大型公共建筑，更是展现海峡两岸交流对话情谊的契机。

福州海峡文化中心按照国内一流文化艺术中心标准建设，根据文化中心的不同功能及统筹兼顾，分为歌剧厅、音乐厅、数码影视城、多功能厅、艺术展览中心及其他配套附属设施。

其景观设计也融入了福州“三坊七巷”的文化。“三坊七巷”是福州市鼓楼区从南后街两旁由北至南依次排列的坊巷总称，现存古建筑200多座，坊坊相连、巷巷相通，粉墙黛瓦、布局严谨、房屋精致、匠艺奇巧，被誉为“明清古建筑博物馆”、“中国城市里坊制度的活化石”，颇具特色。

海峡文化中心的呈现，它提炼和升华城市文化，是展现城市文化生活的舞台，也为海峡两岸的文化交流铺设出重要的平台。有效把握城市标志性和增加民众参与度的平衡，全新演绎了时代新风尚。

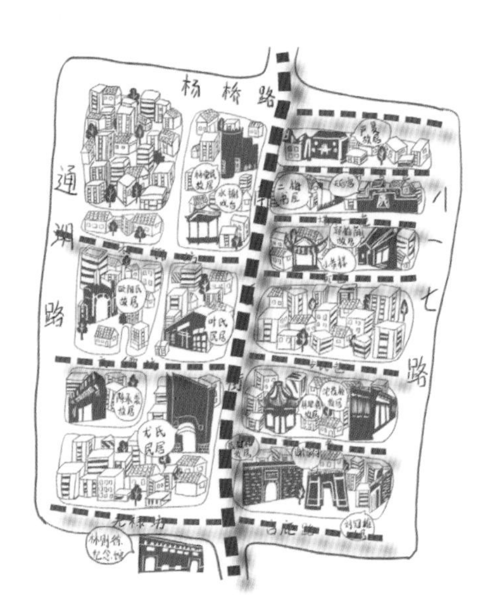

福州“三坊七巷”老街平面图

福州榕树

功能需求

数码影视城
Film City
2600m²

500座的IMAX电影厅1个、
300座的电影厅2个、
100座的电影厅4个、
共7个放映厅。

艺术展览中心
Art Exhibition Centre
10000m²

可灵活分隔成多个展厅及相应的通道和出入口，配备相应的艺术品库房。艺术团体办公区约2000m²，后勤办公用房300m²。

歌剧厅
The Opera House
4200m²

音乐厅
Concert Hall
1290m²

VIP休息
VIP Lounge

多功能厅
Multifunction Hall
750m²

化妆间
Dressing Room
2000m²

1600座歌剧厅1个，
800座音乐厅1个，
600座的多功能厅1个，
可容纳50人的大化妆间20个（100m²/个），
指挥及主演小休息间20个（30m²/个），
演员候场区、服装间、道具间、男女淋浴间、卫生间、演员休息厅、贵宾休息室、后勤、库房、办公、演出技术用房等。

排练
Rehearse
4600m²

1000平方以上大型排练厅2个、
500平方以上排练厅4个、
300平方以上排练厅2个。

整体鸟瞰图

建筑形体分析

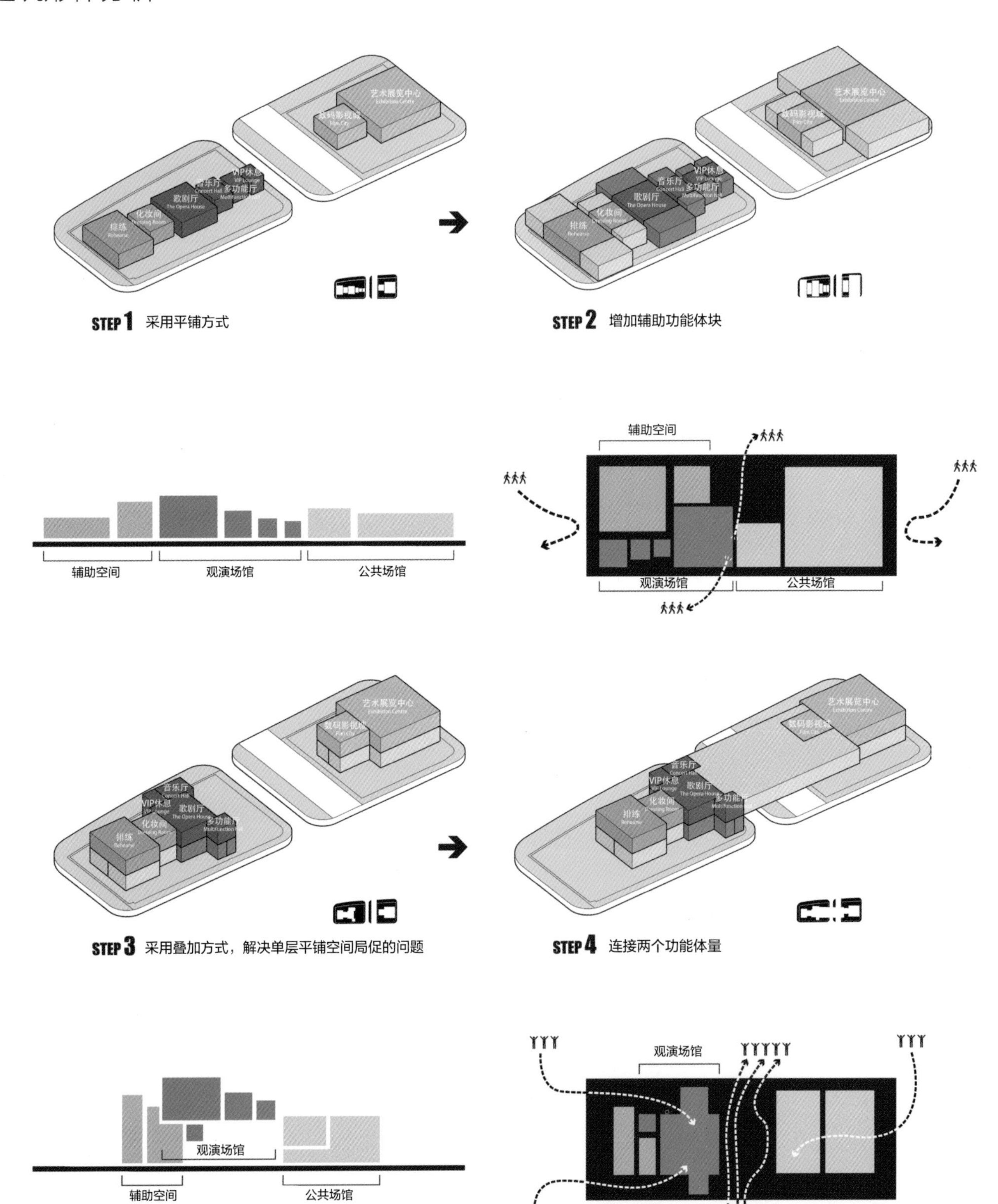
艺术展览中心
Exhibition Centre
数码影视城
Film City
音乐厅
Concert Hall
VIP休息
VIP Lounge
多功能厅
Multifunction Hall
歌剧厅
The Opera House
化妆间
Dressing Room
排练
Rehearsal
STEP 1 采用平铺方式
STEP 2 增加辅助功能体块
辅助空间
观演场馆
公共场馆
STEP 3 采用叠加方式，解决单层平铺空间局促的问题
STEP 4 连接两个功能体量

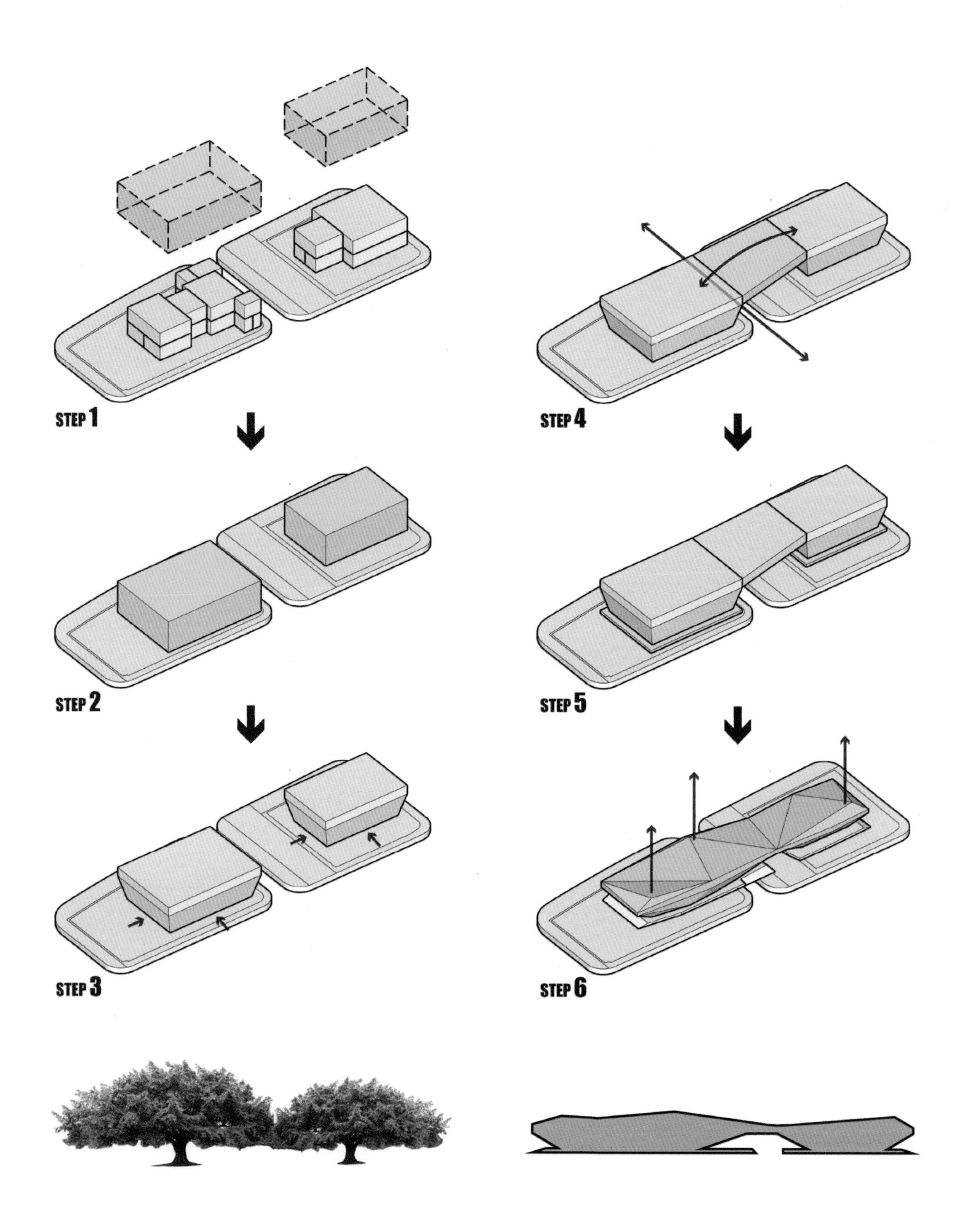
STEP 1
STEP 2
STEP 3
STEP 4
STEP 5
STEP 6

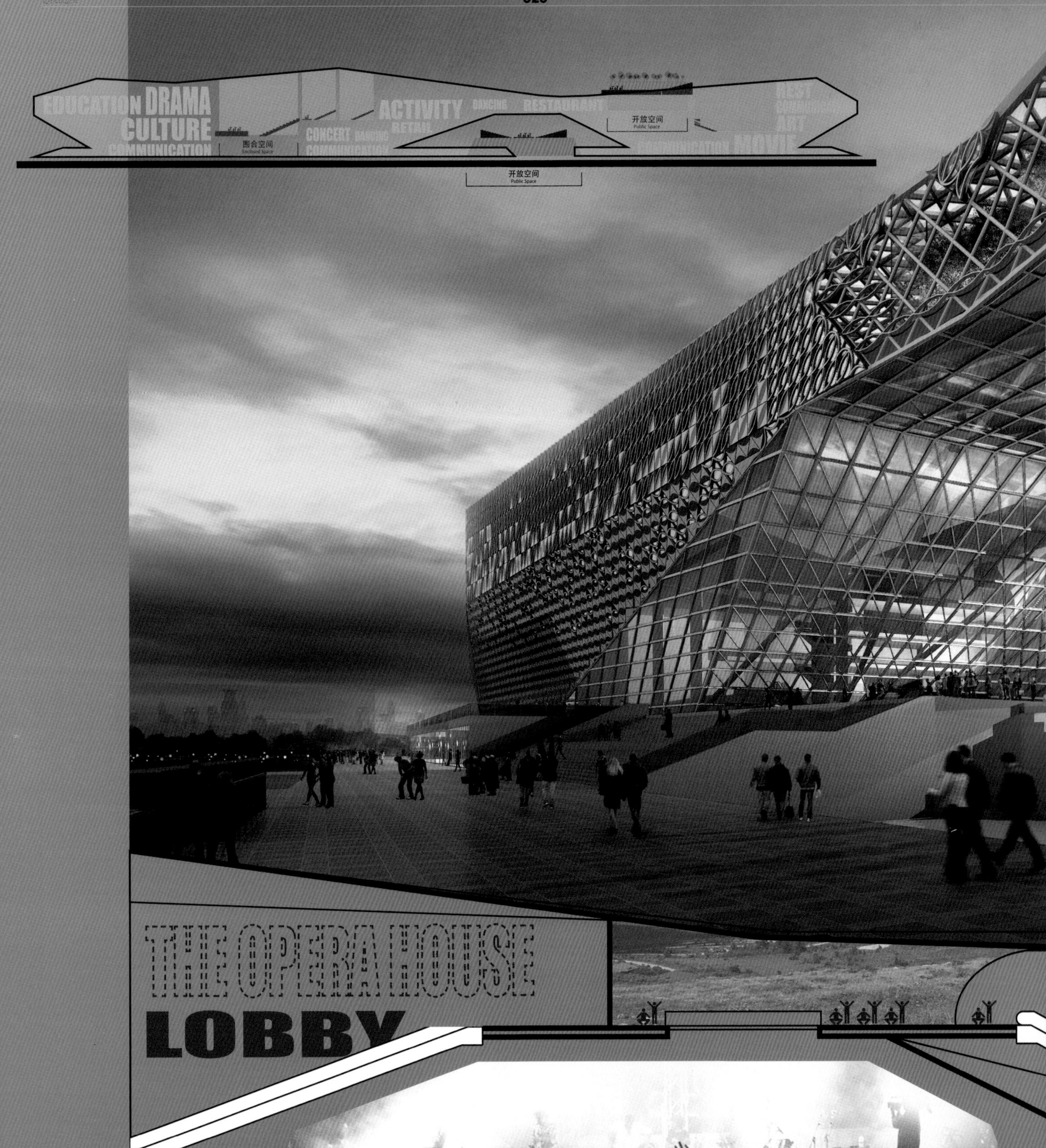
EDUCATION DRAMA
CULTURE
COMMUNICATION
围合空间
Enclosed Space
ACTIVITY
DANCING
RESTAURANT
CONCERT
RETAIL
开放空间
Public Space
开放空间
Public Space
REST
ART
MOVIE
THE OPERA HOUSE
LOBBY
PARKING
WATER THEATER

SKY THEATER
IMAX
CINEMA
EXHIBITION CENTRE
EXHIBITION CENTRE
EXHIBITION CENTRE
EXHIBITION CENTRE
OBBY
LOBBY
KING PARKING

建筑内部空间分析

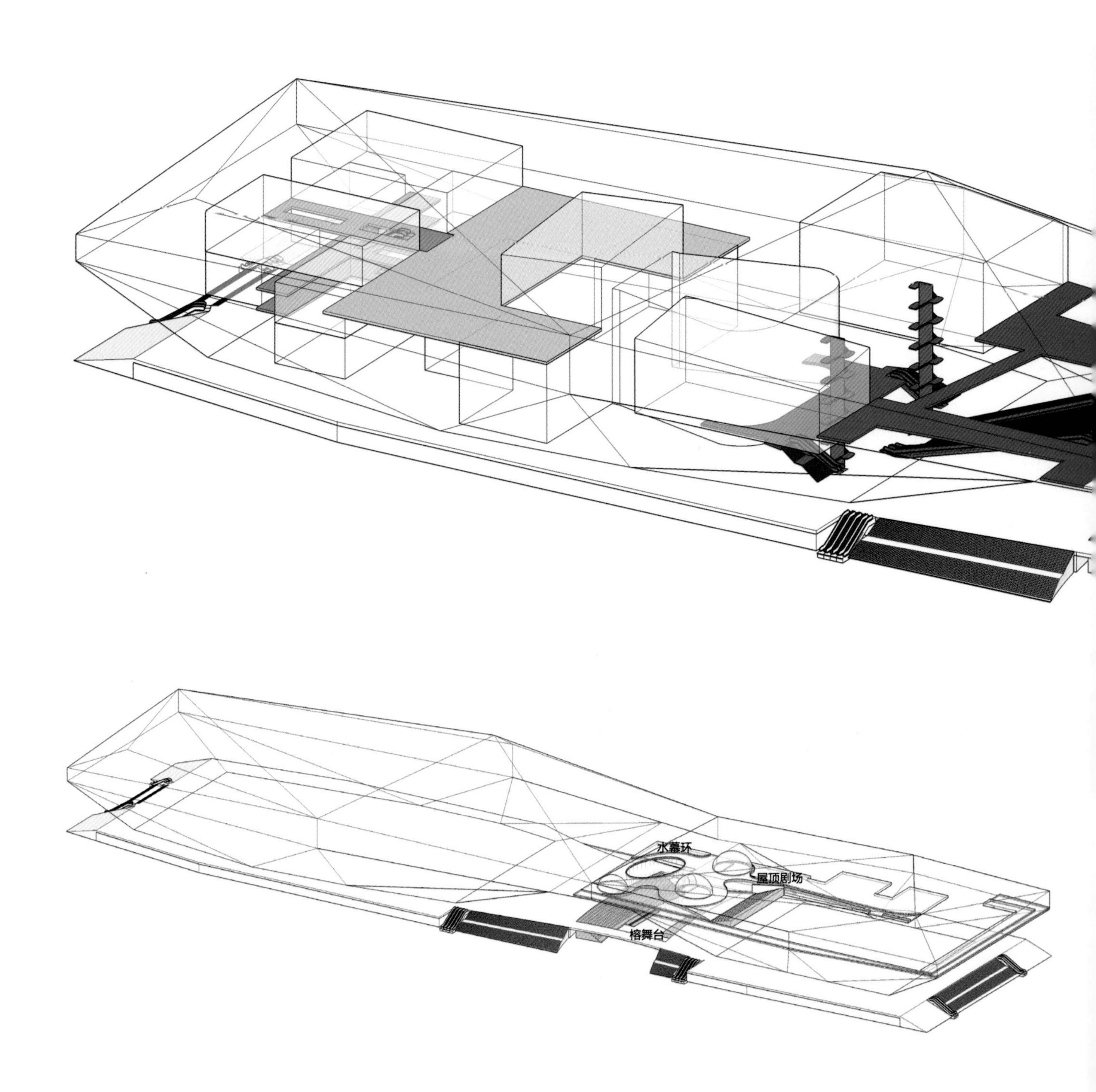

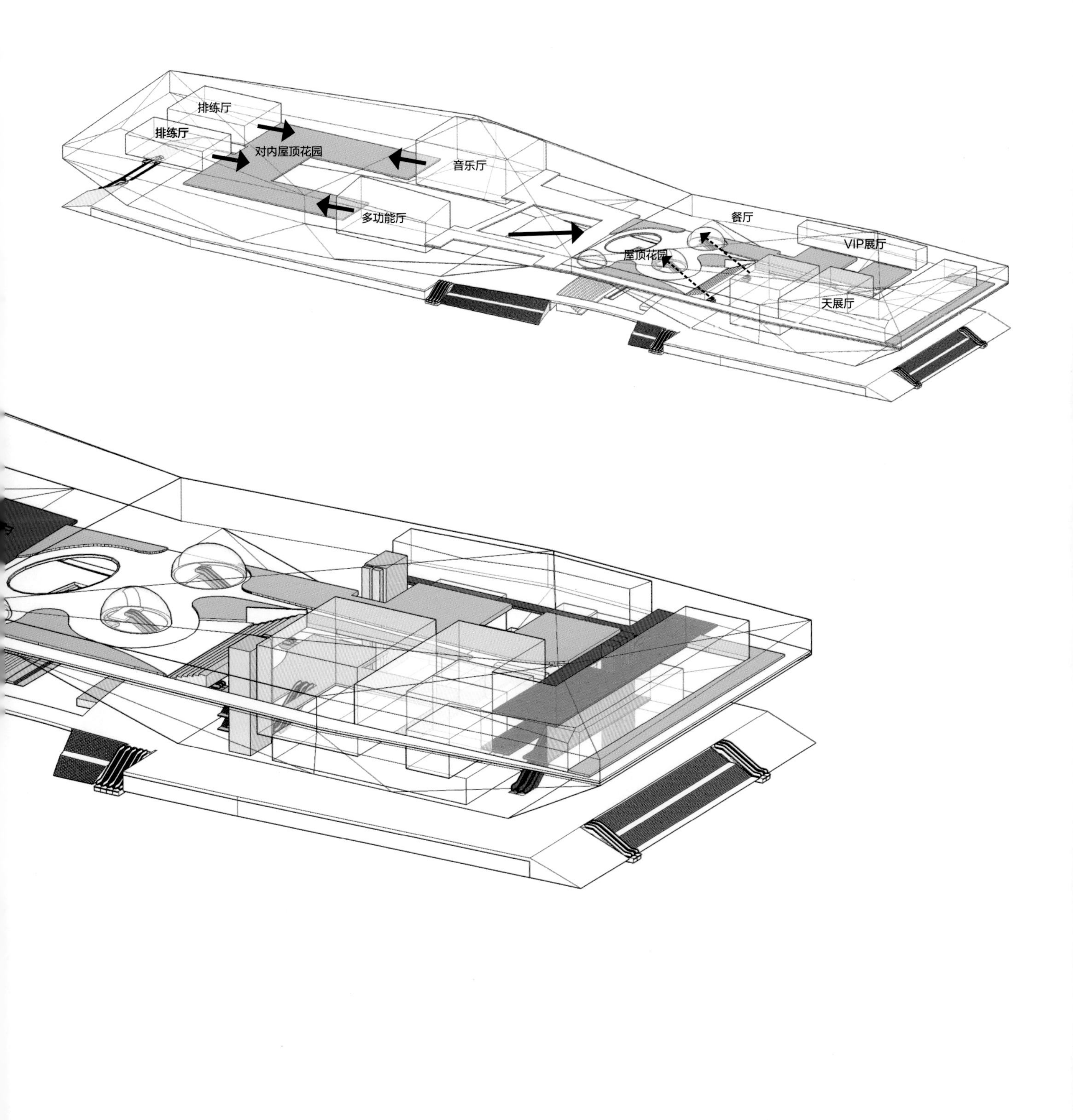

绿化平台　排练厅交通空间　演艺中心交通空间　榕 · 舞台　电影城交通空间　艺术展厅交通空间

建筑表皮分析

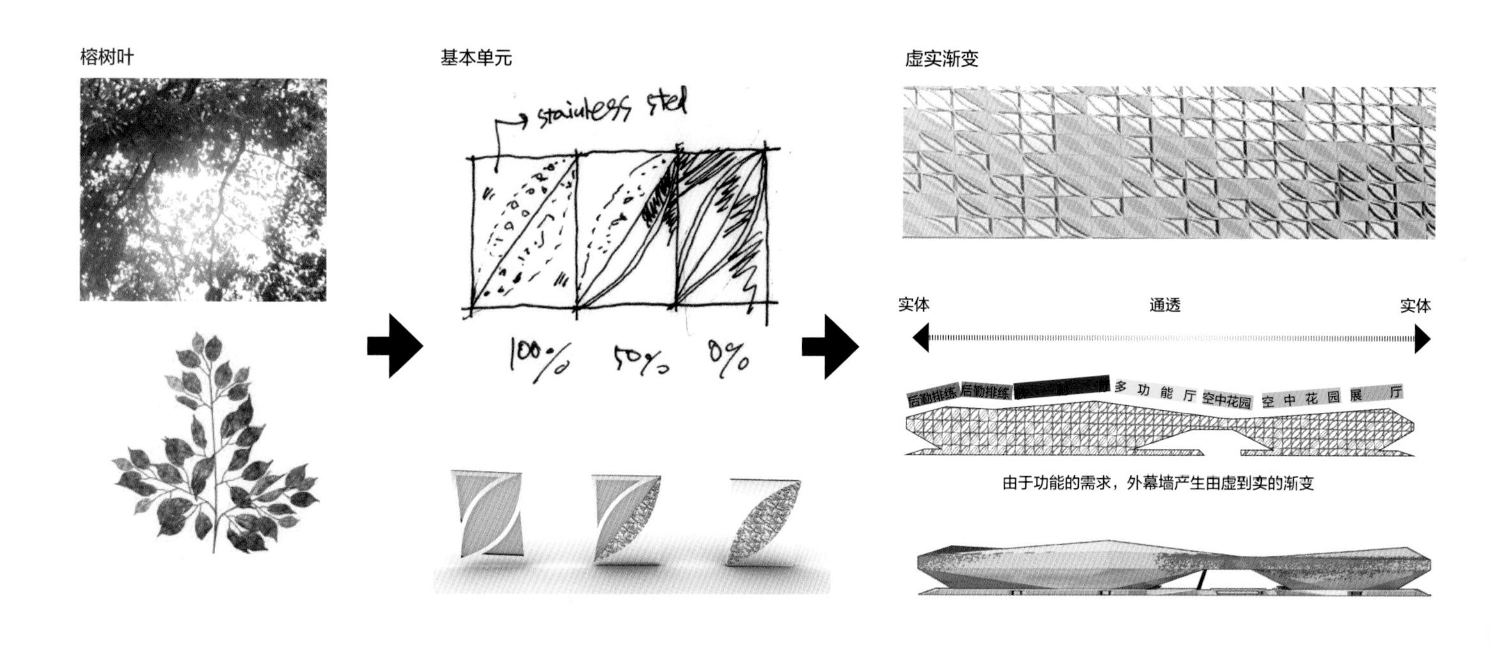
榕树叶
基本单元
虚实渐变
stainless steel
100%
50%
0%
实体
通透
实体
后勤排练
后勤排练
多 功 能 厅
空中花园
空 中 花 园 展 厅
由于功能的需求，外幕墙产生由虚到实的渐变

影院侧效果图

整体效果图

主要观演空间的建筑形态及声学设计

文 / 王静波

1.不同观演空间的声学要求

· 1600座的大剧院

大剧院观众厅将按照国内外一流剧院的标准进行设计，目标是建造出具有优异的声学品质、独特的建筑内部形态、灵活的设施功能的剧院。其设置等方面均可与现有最好的剧院观众厅相媲美，具备最佳的声学条件，不仅可满足本地区的各类演出，而且还能够满足国内及国外各类剧团的巡回演出。

剧院观众厅建筑方案的平面形状采用了传统歌剧院的“马蹄形”形式，这种平面形式不仅为许多声学品质优异的古典和现代剧院所采用，包括近年来一些新建剧院在观众厅布局及形状上依旧采用了这种形态，如声学方面受到广泛赞誉的哥本哈根丹麦皇家歌剧院（Copenhagen Danish Royal Opera）（2004年建成）、奥斯陆挪威国立歌剧院（Oslo Norwegian National Opera）（2008年建成）。国内新建的许多声学特性优良的剧院，也均采用了马蹄形的形式，这一形式能够密切观众与舞台、观众与观众的交流，并赋予了观众厅视觉及声效方面的围合感和亲切感。

现建筑方案中，设有池座、两层楼座及侧向延伸的眺台座席区，观众厅的池座区及楼座区长度控制在合适的范围内，以保证听觉及视觉上的亲密感，即使最远的座位也能够有较好的视线和听觉。观众厅池座的宽度也考虑在合适的范围内，这对于一座拥有超过1600座的观众厅来说，不仅能在声音的明晰度与混响感上获得恰当的、至关重要的平衡，还能够获得充分的听觉亲密感及听觉环绕感。楼座侧向延伸的眺台座椅区，不但增强了视觉上的亲切感、围合感，丰富了侧墙的建筑形态，而且在声学方面能够提供非常丰富的、不可缺少的早期侧向反射声，特别是结合特定的建筑处理，能够形成许多自然导向主要观众区的有益反射声，既能够增强音效的明晰度，同时也能够满足混响感的要求。

大剧院将为广泛的演出类型提供最佳的声学条件，无论是古典音乐或歌剧，还是当代歌剧、戏剧、音乐剧，除了以自然声，即原声为主的演出（电声仅作为辅助的措施）外，可以用来举行以电声为主的演出及综艺类的文艺演出。所有这些不同类型的演出都有特定的声学要求，从某种程度上来说，观众厅的室内声学方面应具备一定的声学适应性。在观众厅室内声学的后续设计中，将考虑适合于本观众厅的可变声学元素，这些元素将结合建筑室内的设计，合理地整合在墙面及顶部空间，当然最为关键的是，这些声学装置需具备优异的机械性能，能为使用者提供最便利的操作方式，从而在剧院长期的使用过程中发挥作用。

作为综合性的剧院，需要在举办交响音乐会时，将在主舞台区域设置乐队声反射罩，由可移动的侧板及舞台上方的声音反射顶板组成。其作用除了将声音投射向观众席，同时能将声音反馈给表演者，从而保证表演者能够听到他们自己以及其他乐器发出的声音，有利于整个乐队演出的平衡和融合，这对于乐队演出是必要的，同时观众区域也能够感受到更加好的声学效果。

· 800 座音乐厅

800 座音乐厅属于中等规模的音乐厅，主要以音乐演出为主，包括大型交响乐音乐会、中小型乐队演奏、室内乐演奏及独唱、独奏等，同时设有管风琴，能够满足带有管风琴音乐的作品演出。音乐厅平面形状总体呈长方形，即所谓的“鞋盒式”（Shoe-Box），其特点是能够为观众区提供非常丰富的早期反射声，使观众感受到音乐的包围感和环绕感，因而也是音质优异的古典音乐厅的主要形式，尤其适合中等规模的音乐厅，在视觉、听觉方面均有非常好的亲切感。

根据本厅主要使用功能、座位数量和体积，对于完整规模的交响乐队演出，混响时间为1.8~2.0s左右较为合适；对于室内乐演出，混响时间为1.6s左右较为合适。通过设置可调声学装置，使混响时间有0.2~0.4s的变化幅度，这样对于不同的音乐作品，将会有最佳的声学条件。同时，适当低的混响时间适合于一些电子音乐或爵士乐等音乐形式的演出。

· 多功能厅

可容纳600座左右的多功能厅，其使用功能将涵盖：小型乐队演奏的室内乐和古典音乐、戏剧、电声音乐、试验剧、时尚秀、会议及宴会、冷餐会等活动。多功能厅基本的设计理念是提供一个具有高度灵活、广泛适应性的空间，很容易就能转换成不同的形态，比如，岛式舞台剧场、尽端式舞台剧场、时装发布等秀场式舞台布局或完全站立式的观演空间（摇滚乐、现代电子音乐）……

为了满足这些功能的灵活转换，多功能厅的舞台及观众区将由升降系统及活动式的座椅区组成，能够转换成不同的舞台区、观众区组合，而在厅的一侧设置固定座椅区的楼座及固定座椅的楼座回廊，空间非常简洁，体现出功能及布局方面的充分灵活性。

从声学角度来说，为了适应多功能用途，需要具备一定的室内声学方面调节措施。对于不同的演出用途，进行简单且迅速的调整。根据这样体量的厅，如基本的设计混响时间确定为以音乐性的演出为主，中频混响时间为1.6~1.8s，这对于大部分古典及现代原声音乐来说都是合适的。通过在厅内采用诸如可收放的声学帘幕方式，中频混响时间可以缩短至1.2~1.4s，这样的混响时间适合于戏剧、会议、电声音乐等以及其他类似的演出。

· 排练用房

按不同的排练功能来说，排练厅可分为乐队排练厅、合唱排练厅、舞蹈排练厅等类型，声学方面的要求也略有不同。如作为乐队排练厅，足够高的空间是非常重要的，特别是大型乐队排练时，厅内声音的响度非常大，高度不足、体积不够大的乐队排练厅，往往会导致过强的声音叠加、合奏时相互听闻困难及音乐明晰度不佳等缺陷。乐队排练厅使用时基本上是原声的，混响时间倾向于略长一些，本项目中乐队排练厅考虑设计混响时间为1.2~1.4s。而舞蹈排练厅则往往会使用电声系统进行音乐的播放，适度短的混响时间，有利于提高声音的明晰度和清晰度。对于本项目中的舞蹈及合唱排练厅，设计混响时间为1.0~1.2s。

· 影院

此部分包括一座500座的IMAX影厅和若干座位数不等的、从37座的VIP影厅到300座的影厅，一些影厅为相邻的，从声学角度来说，避免相互之间的声音干扰是十分重要的，因此要解决好相邻厅的隔声问题，包括通过空调、通风管道的串声是非常重要的。 相邻影厅的分隔墙计权隔声量应达到65~70dB，可设置重质的双墙，或在一道重质的墙体两侧，再做一道轻钢龙骨石膏板墙，构成复合墙体。

影厅必须具备中性的声学环境，没有多余的、离散的、孤立的声反射，获得规范所要求的混响时间范围，以及符合要求的混响时间频率特性。通过合适的吸声处理，消除各类可能产生的音频失真，获得影厅所要求的声学环境。

声学设计主要根据各厅的实际有效声学容积和混响时间的设计范围，设置相应的宽频带吸声构造，以达到规范所要求的混响时间范围，同时避免不需要的声反射，最大程度地降低厅内声环境对影片真实还原声迹效果的影响，消除各类可能产生的音质失真，真实还原影片的音响效果。 从室内本底噪声及混响时间的频率特性方面来说，IMAX影厅的声学要求较一般的影厅更严格一些。

2.隔声及降噪

影响本工程各类用房噪声指标的主要因素有：建筑外部的环境及交通噪声和振动，建筑内部的空调通风、水泵等机组及电力、电器、照明等类设备或设施所产生的噪声和振动。噪声与振动控制设计包括建筑围护结构的隔声设计及空调通风系统的噪声与振动控制两方面内容。

声学专业将在建筑初步设计阶段对各厅的建筑隔声问题作全面的考虑，合理确定各墙面、楼板、屋面、平顶等的隔声要求、隔声材料及构造做法；空调通风、水泵等设备是建筑内部的主要噪声和振动源，为了保证对室内本底噪声指标有较高要求用房和所有的工作区域有符合规范要求的建筑声环境，机组振动的隔离和降低，是防止振动和噪声传播的重要手段。空调管路系统必须进行消声设计及气流噪声的控制设计等。

歌剧院内部效果图

音乐厅内部效果图

筑 ARCHITECTURE

ACHIEVEMENT

实施类

033-068

重庆 新跨越·I33

地　　点：重庆市巴南区龙洲湾
业　　主：重庆新跨越房地产公司
类　　型：商业综合体、住宅
建筑面积：207 543m^2
设计阶段：方案设计/初步设计
设计时间：2013年
　　　　　2014年5月样板房竣工
合作单位：重庆市设计院

“城南未来”也是在纷繁的商业综合体设计中的独特演绎，由住宅、LOFT 和商业共同组成。常规商业及住宅综合体是将“动”的商业中心与“静”的住宅部分进行物理分割，而本项目位于重庆市巴南区的中心建成区，基地周边资源较为丰富，西侧毗邻长江，南侧的公园为地块带来较好的自然景观资源，北侧为巴南区政府及商业步行街，东侧轻轨站及文博中心能为商业综合体及住宅凝聚人气。设计运用融合的方式将景观广场渗透到整个商业中，住宅区则形成半开放区域，尽可能与商业积极地融合。商业的布局则迎合城市主要商业人流，形成步入式的具有山城特色的氛围，渗入式的广场进行穿插，形成特质化的场景，为城市的年轻新贵带来全新的体验。

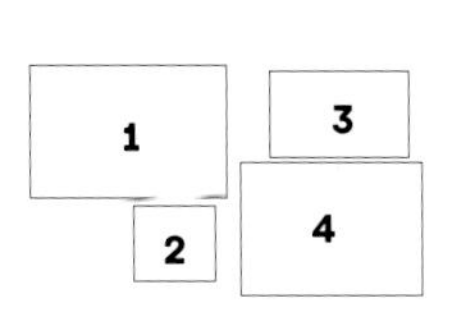

1. 商业样板房即景
2. 商业样板房大厅
3. 商业样板房入口
4. 商业样板房夜景

乐浮咖啡

1. 商业样板房夜景
2. 商业样板房夜景
3. 商业样板房夜景
4. 商业样板房黄昏景
5. 建筑局部

1 2 3

1. 住宅样板房
2. 商业街日景
3. 商业街局部

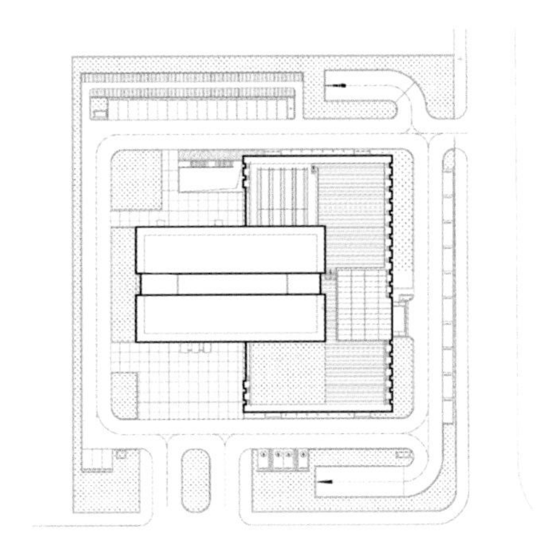

南通综合保税区管理大楼

地　　点：江苏省南通市
业　　主：南通市经济技术开发区总公司
类　　型：办公
建筑面积：24 307m^2
设计阶段：方案设计/初步设计/施工图设计
设计时间：2013年
竣工时间：2014年5月
合作单位：上海中建建筑设计院有限公司

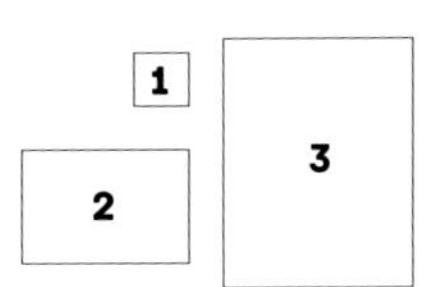

建筑更多的是功能化体现与空间的对话，由此产生有趣的对应。本项目作为政府服务平台，希望表现出一个干练的建筑形象。由于建筑体量偏小，立面通过竖直的线条来提升挺拔感，而裙房部分则与主楼形成有趣的横竖对应，派生出相应的辅助空间。用简单的建筑语言来表达对空间以及城市的融入度。

1. 总平面图
2. 建筑侧立面
3. 建筑整体视角

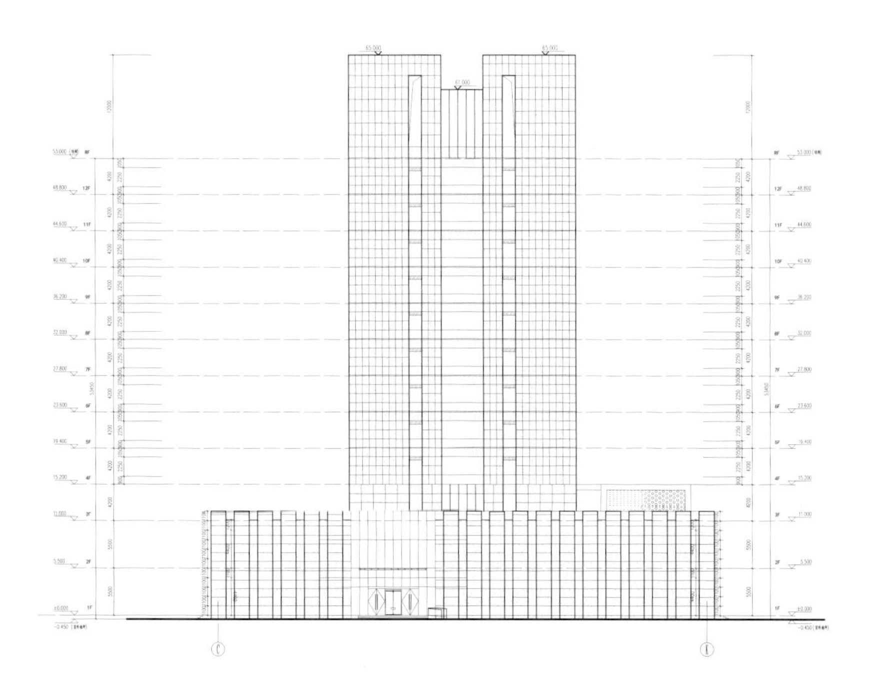

1 2 3

1. 侧立面图
2. 入口视角
3. 建筑整体

1	2
	3

1. 入口视角
2. 办公大厅
3. 办事大厅

南通综合保税区
欢迎您

南通综合保税区
欢迎您

1 2

1. 办公大厅
2. 办事大厅

南通能达大厦

地　　点：江苏省南通市经济开发区
业　　主：南通能达建设投资有限公司
类　　型：办公
建筑面积：120 000m^2
设计阶段：方案设计/初步设计/施工图设计
项目阶段：施工中
担任角色：李瑶　设计总负责人
　　　　　吴正　建筑专业负责人

■本项目为在华东建筑设计研究院期间负责作品

1　2

1. 建筑即景
2. 建筑正立面

在完成了央视主楼、衡山路十二号及江海大厦之后，能达大厦是最后一项横跨职业转变过程的项目。作为阶段性项目实践汇总，本设计将公共建筑体量用极为简洁的方式加以表达，高耸的主塔楼构成垂直元素；环抱的裙房形成水平元素，并围合成独特的中庭空间。整幢建筑积唐韵山庄、衡山路十二号的设计经验，陶板技术得以成熟的发挥。

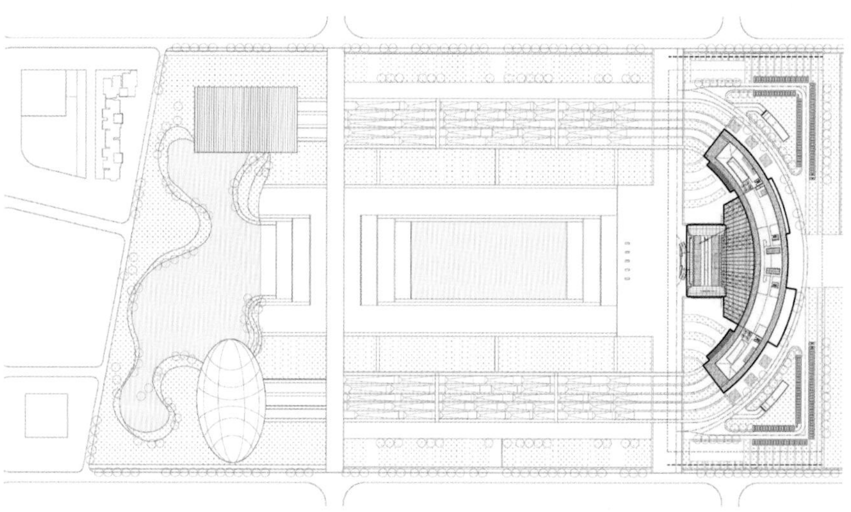

1

2

3

1. 建筑侧立面
2. 裙房局部
3. 总平面图

建筑即景

通州富都国际酒店

地　　点：江苏省南通市通州区
业　　主：通州富都国际酒店有限公司
类　　型：酒店/商业综合体
建筑面积：90 403m^2
设计阶段：方案设计/初步设计/施工图设计
项目状态：施工中
合作单位：创羿（中国）建筑工程咨询有限公司
　　　　　上海中建建筑设计院有限公司

作为区域的标志性建筑，如何用妥当的方式去表达其标志性是设计需要去解决的问题。希望通过对既有功能的理想组合来形成对空间以及造型的认知。

本项目由一栋五星级酒店及五星级的配套服务型公寓和商业组合组成。

利用地势带来的独特性，形成充满欢迎和包容性态度的整体开放布局。两栋主楼组合搭接成独特的门型空间形成瞩目的视觉中心，利用客房采光景观特征和整体锯齿形立面划分打造出整体建筑圆顺而特别的语汇；裙房以弧形的流畅线条予以刻画。项目施工进程中日益显现其建筑性格，简单而又别致。

幕墙设计

EFC

本项目功能主要为五星级酒店，以商务用途为主，兼顾会议、接待及康乐等功能，并配有高端品牌专卖和餐饮娱乐等商业设施。建筑物沿世纪大道采用了由北至南弧线形布局，顺应地形排布了酒店A楼、酒店B楼及其裙房。基地用地面积为33330m²，总建筑面积为90403m²，地下1层，地上18层，其中裙房为4层，建筑高度为83.5m。

建筑立面在裙房以上由两座酒店塔楼成门的形象，平面采用圆润的流线布局，通过裙房与主楼的组合形成一个围合的态势。

本建筑外立面主要由玻璃幕墙、石材幕墙、铝板幕墙、铝合金装饰格栅及石材装饰格栅等幕墙形式组成，在裙房屋顶设有采光顶及金属屋面系统，在两座塔楼15层位置使用了双夹胶SGP玻璃空中连廊。

1.竖明横隐玻璃幕墙系统

本系统分布于南北立面中，在平面中与石材幕墙系统交错布置成锯齿形状，且玻璃幕墙均位于阳角位置。局部平面图如图1；幕墙的局部大样图如图2。

- 采用竖明横隐系统，隔热断桥铝合金型材；
- 玻璃类型：8mm+12A+8mm中空钢化LOW-E玻璃；
- 层间非透明材质：玻璃背衬铝板；
- 开启窗：上悬窗，手动开启方式。

2.石材幕墙系统

本系统分布于本项目各立面中，石材幕墙系统采用开放式，背栓系统采用固定形式。局部大样图如图3。石材大、小缝尺寸图如图4。

- 采用开放式，背栓挂件系统；
- 石材：30mm花岗岩石材；
- 石材拼缝采用大、小缝结合布置方式，达到石材板块竖长条的建筑效果。

3.横明竖隐玻璃幕墙系统（一）

本系统位于裙房南立面的酒店大堂，顶部连接采光顶，东西侧连接两个不同伸缩缝结构体系。由于平面跨度23.6m，高度跨越4个楼层达到23.9m，在幕墙结构体系设计时，将此区域幕墙龙骨设计为独立的结构体系，即与东西侧连接处均设有伸缩缝。考虑建筑效果及经济性，幕墙大跨度钢结构结合采光顶形式设置，在平面中采用了4处L形的大跨度主钢架，水平方向设置大跨度矩形水平钢梁，同时在每玻璃竖向分格处放置了T形钢柱，一方面可作为水平钢梁的拉杆来使其截面尺寸轻巧，另一方面作为幕墙的竖向受力构件。

结构平面布置图如图5；局部大样图如图6；主要连接节点图如图7。

- 采用横明竖隐系统，隔热断桥铝合金型材；
- 玻璃类型：8mm+12A+8mm中空钢化LOW-E玻璃；
- 钢结构：表面氟碳喷涂处理。

4.横明竖隐玻璃幕墙系统（二）

本系统位于裙房东侧圆弧区域，大装饰线条围绕弧形平面进行，而在立面中以每3条装饰线为一组进行有韵律的变化，最后收缩为一根装饰线条相接于其西侧的横向线条。整个建筑效果美观、大方，充分展示了圆润的流线布局。装饰线条节点图如图8；局部大样图如图9；平剖标准节点图如图10。

- 采用横明竖隐系统，隔热断桥铝合金型材；
- 竖向龙骨：钢插芯外包铝的形式；
- 玻璃类型：8mm+12A+8mm中空钢化LOW-E玻璃；
- 水平装饰线条：铝合金材质。

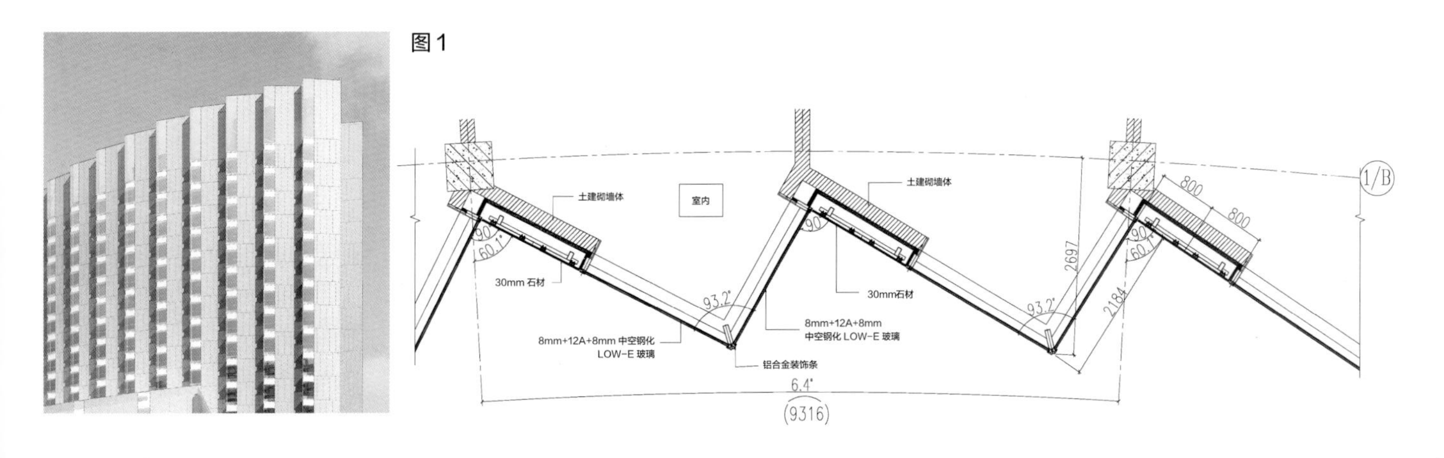

局部平面图

图 2

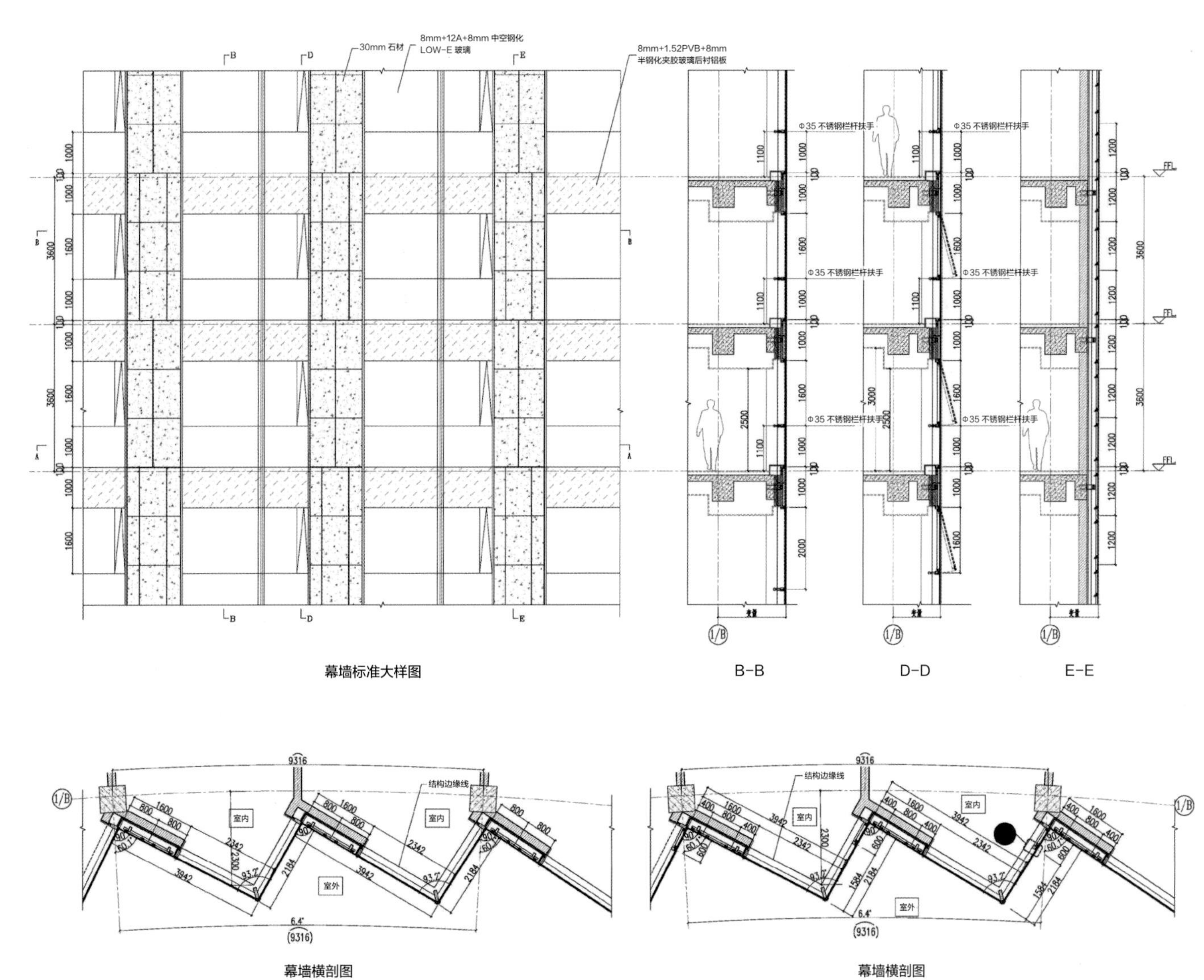

幕墙标准大样图　B-B　D-D　E-E

幕墙横剖图　幕墙横剖图

图4

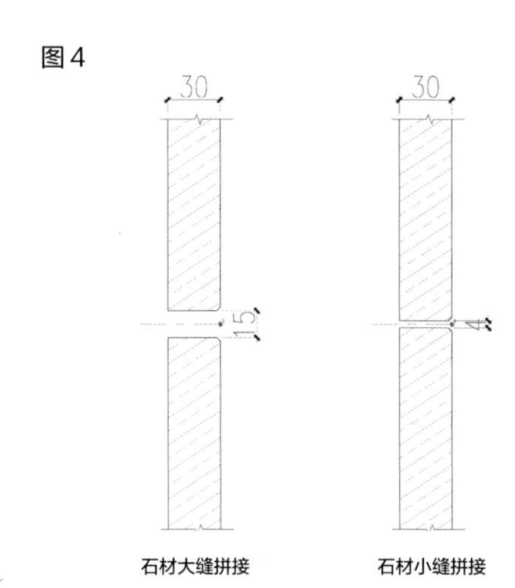
30
15
30
4
石材大缝拼接
石材小缝拼接

图3

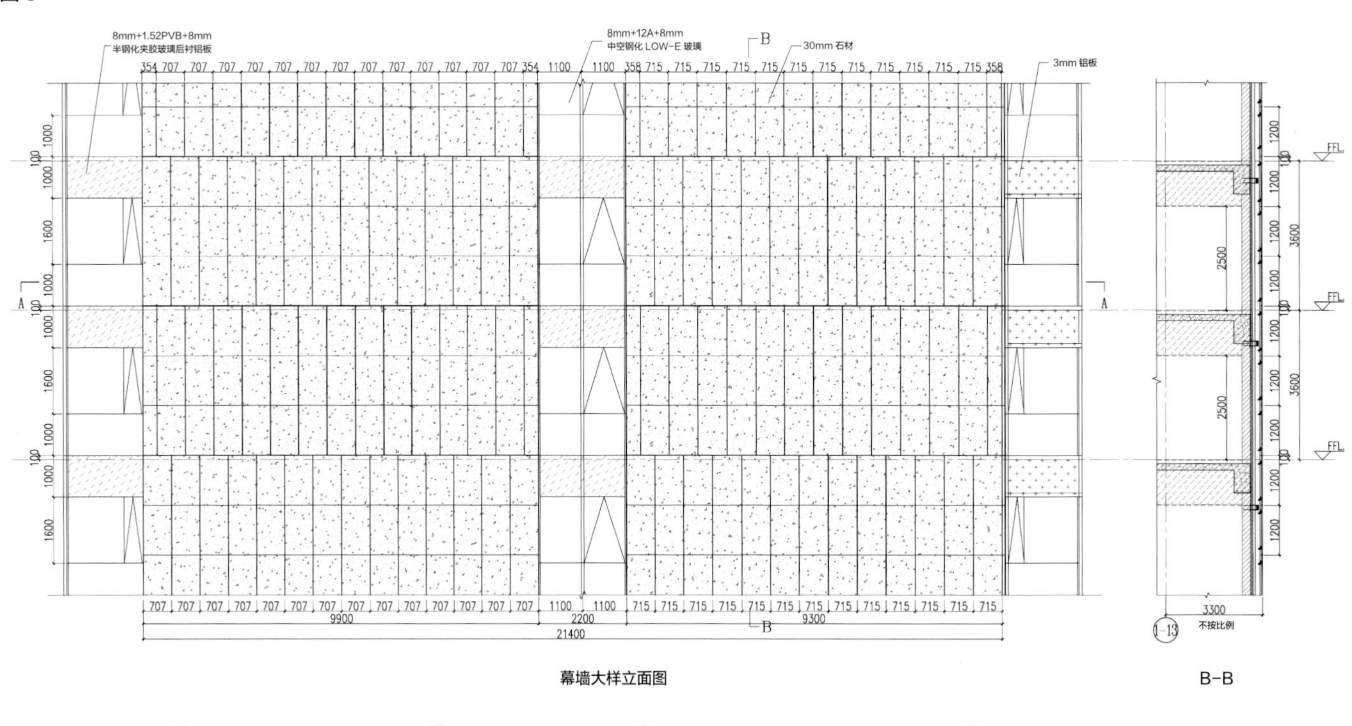
8mm+1.52PVB+8mm
半钢化夹胶玻璃后衬铝板
8mm+12A+8mm
中空钢化 LOW-E 玻璃
30mm 石材
3mm 铝板
9900
2200
9300
21400
3300
不按比例
幕墙大样立面图
B-B

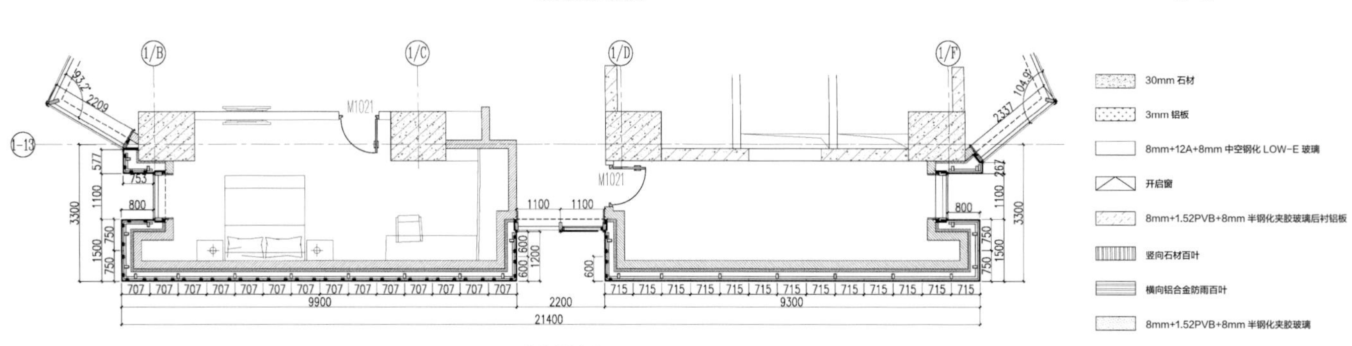
1/B
1/C
1/D
1/F
M1021
9900
2200
9300
21400
幕墙横剖图
30mm 石材
3mm 铝板
8mm+12A+8mm 中空钢化 LOW-E 玻璃
开启窗
8mm+1.52PVB+8mm 半钢化夹胶玻璃后衬铝板
竖向石材百叶
横向铝合金防雨百叶
8mm+1.52PVB+8mm 半钢化夹胶玻璃

图 5

主钢架

主钢架

水平钢梁

主钢架

伸缩缝

T 型钢拉杆

主钢架

伸缩缝

结构平面布置图

图 6

8mm 钢化 +12A+（8mm+1.52PVB+8mm）半钢化
中空夹胶 LOW-E 玻璃

8mm+12A+8mm
中空钢化 LOW-E 玻璃

钢结构

8mm+12A+8mm
中空钢化 LOW-E 玻璃

不锈钢栏杆

雨蓬 1
10mm+1.52PVB+10mm
钢化夹胶磨砂玻璃

雨蓬 2
10mm+1.52PVB+10mm
钢化夹胶磨砂玻璃

雨蓬 2
10mm+1.52PVB+10mm
钢化夹胶磨砂玻璃

旋转门

大堂入口竖剖图

大堂入口竖剖图

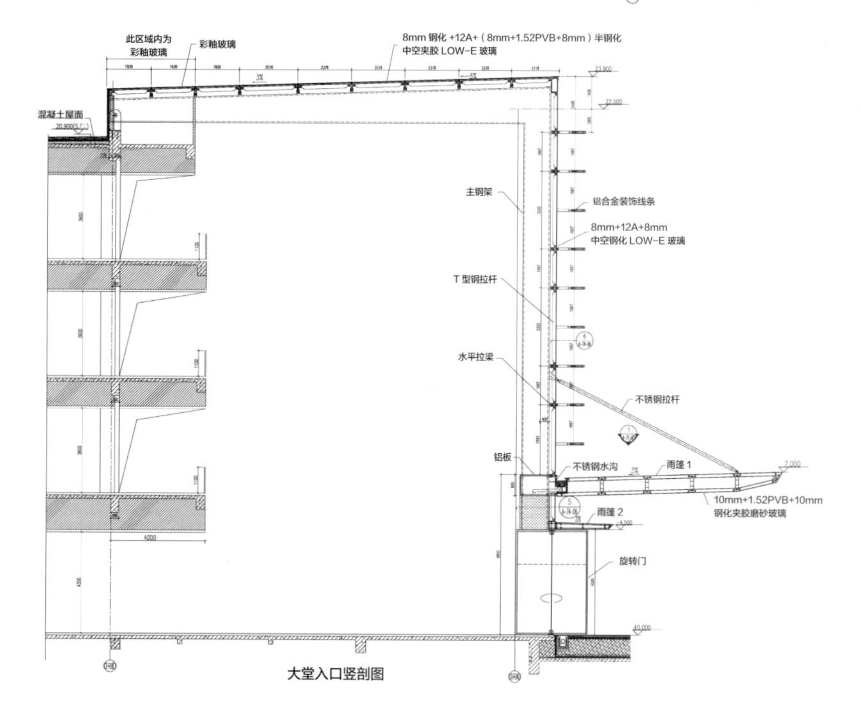

大堂入口竖剖图

幕墙的性能等级

（1）抗风压性能

抗风压性能指幕墙可开启部分处于关闭状态时，在风压作用下，幕墙变形不超过允许值且不发生结构损坏（如：裂缝、面板破损、局部屈服、粘结失效）及五金件松动、开启困难等功能障碍的能力。

本项目抗风压性能等级：按正风压取1级，负风压取2级。

（2）水密性能

水密性能是指幕墙可开启部分为关闭状态时，在风雨同时作用下，阻止雨水渗漏的能力。

本项目幕墙的水密性能为3级。

（3）气密性能

气密性指在可开启部分在关闭状态时，可开启部分以及幕墙整体阻止空气渗透的能力。

本项目幕墙气密性性能等级为3级。

（4）平面内变形性能

幕墙平面内变形性能为建筑幕墙层间位移角位性能指标。

本项目幕墙平面内变形性能等级为3级。

（5）热工性能（保温性能）

热工性能指在幕墙两侧存在空气温度差条件下，幕墙阻抗从高温一侧向低温一侧传热的能力。

本工程幕墙：透明部分为5级、非透明部分为8级。

图 7

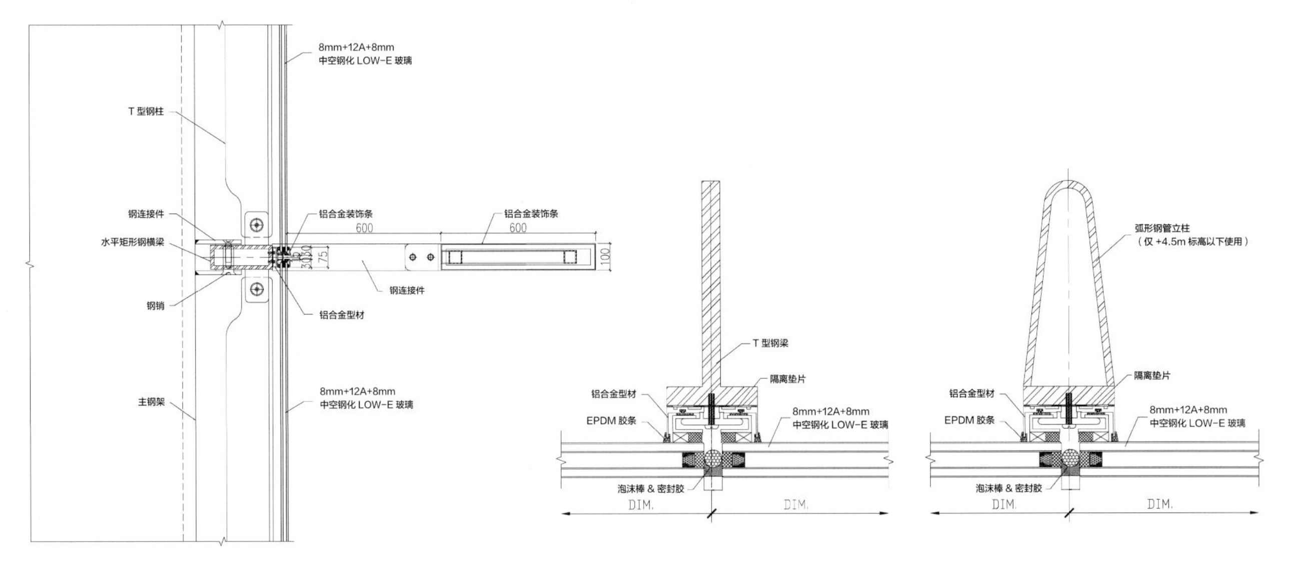

主要连接节点图　　幕墙平剖节点图　　幕墙平剖节点图

图 8

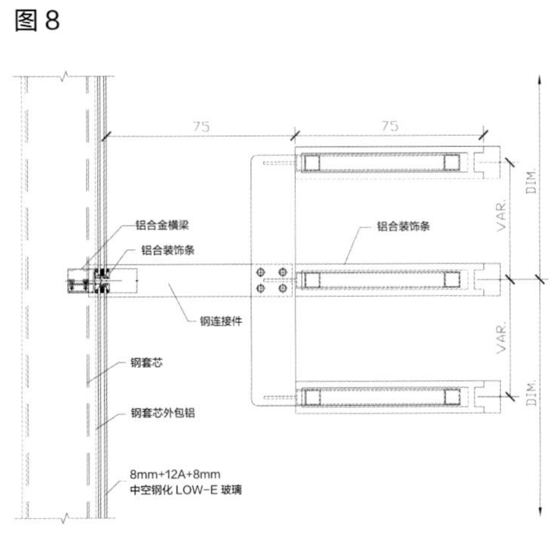

幕墙节点图

图 10

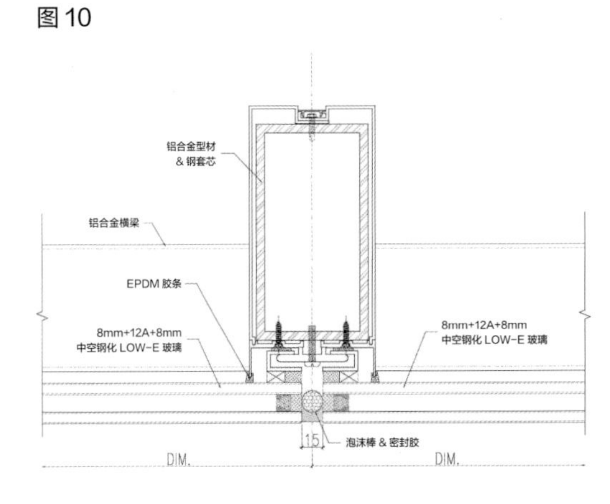

幕墙平剖节点图

图 9

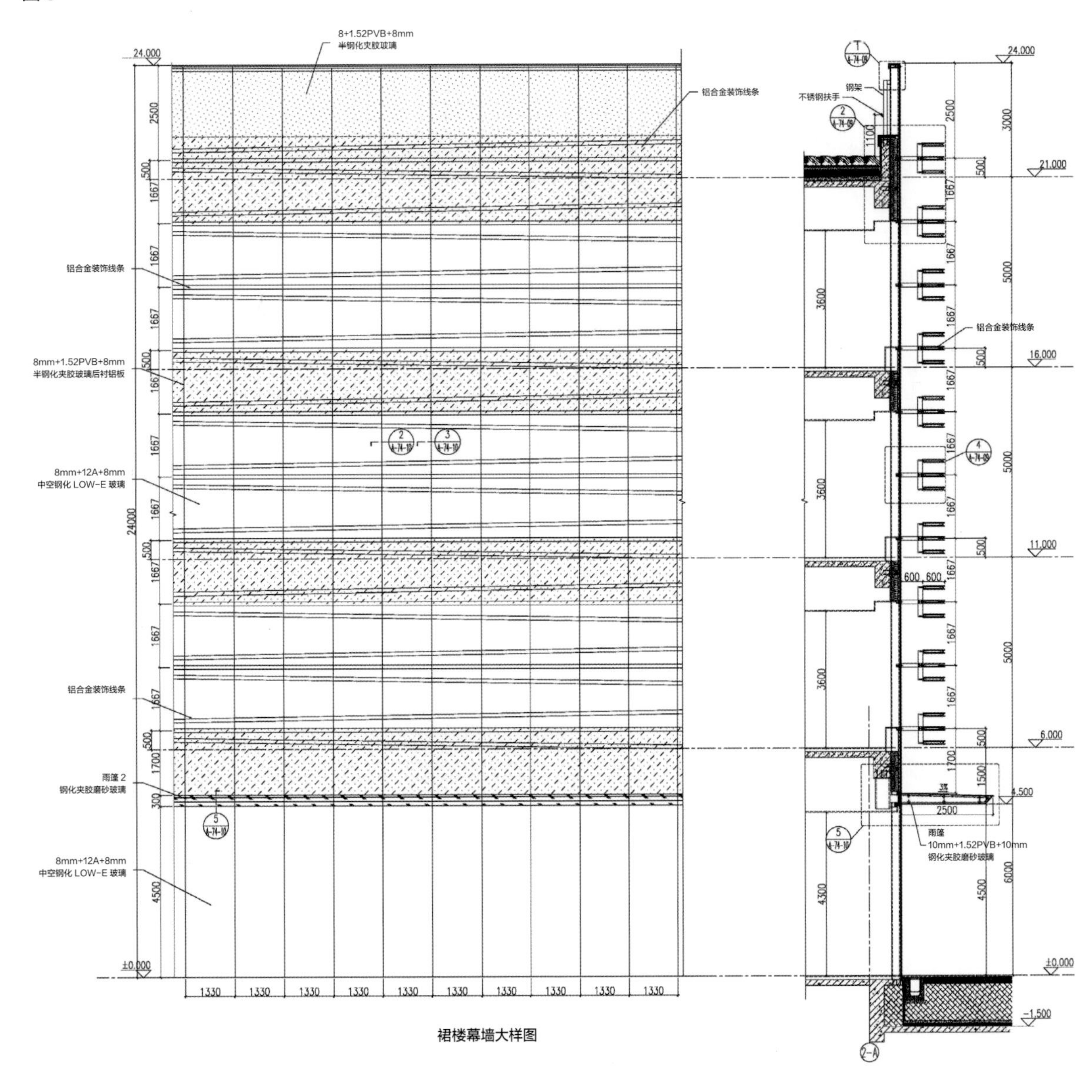

裙楼幕墙大样图

北京银河财智中心

地　　点：北京石景山区
业　　主：北京上善恒盛置业有限公司
类　　型：办公/商业综合体
建筑面积：87 387m^2
设计阶段：方案设计/初步设计/施工图设计
竣工时间：2014年12月
合作单位：创羿（中国）建筑工程咨询有限公司（BIM设计）
道澈科技（北京）有限公司（幕墙顾问）
上海中建建筑设计院有限公司

建筑立面施工中

基地位于北京市长安街西沿线南侧，石景山区政府西南侧。用地北至政达路，南至鲁谷路，西至银河大街，东面为石景山区CRD绿化休闲广场。项目占地面积为12 500m^2，地块现状为城市绿地，为南北向长条形，南北向长约143m，东西向长约95m。地块北高南低，最大高差约3.8m。

考虑到基地北侧为长安街，东侧为CRD绿化休闲广场。东北两侧均具备了良好的景观视线。根据使用要求，本项目设计为南北双塔布局。塔楼尽量贴靠建筑退界线，最大程度地拉大南北两塔之间距离，满足消防距离并减弱对视问题。同时遵从城市设计中CRD绿化休闲广场对城区的中心作用，采用将裙房首层架空的方式，将西侧的视线与CRD中心保持贯通，创造开放式的城市空间。塔楼间间距的增加，有效避免了塔楼引起的风洞效应，减少结构抗风投资。

建筑设计力求将该建筑建设成为强而有力且优雅的核心区标志型建筑。考虑到区域建筑限高的因素，外立面主要利用石材饰条强调竖向线条，以增强建筑的挺拔感。与内部中庭空间、景观视线、日照采光相结合，加入玻璃幕墙的元素。玻璃与石材的虚实对比更加丰富了立面的层次。明快又不失稳重，虚实对比，简洁流畅。

企业精神：同心图治 唯实创新 追求卓越
企业宗旨：重信兴利 服务社会
北京城建九建设工程有限公司
BUCG
北京城建集团
银河大街
YINHE St
Daagenazs
CRD中心
毋庸置疑者
BUCG
BUCG

建筑幕墙施工中

精细化设计是贯穿设计的不变准则，项目周边已经形成区政府、万达广场等公正的布局方式，同时围绕区域的中心公园。本项目方正的排布和建筑体量代表企业形象，双塔的建筑组合形式也融合于整体背景。在公正的布局下，我们寻求和周边的建筑空间进行对话的方式，通过架空式的城市广场形成开放式的布局，改变相对独立的园区特征。架空式的城市广场和地下商业空间的互通达到环境友好的格局，形成严肃的办公氛围中相对活泼的人群据点。

建筑立面运用玻璃幕墙、石材幕墙和铝合金幕墙的组合，成为相对于工整之中的变化看点，兼顾采光和节能需求，在不同立面上运用不同幕墙组合，内凹的铝合金线条刻画出竖向的上升感，同时也为幕墙的开启扇提供了隐藏式背景；石材幕墙及点釉玻璃的裙房立面组合，也表现了细致化的设计思维。

项目整体模型

1. 建筑立面施工
2. 施工现场即景
3. 施工现场即景

能达公园管理中心

地　　点：江苏省南通市能达公园
类　　型：旅游管理处
建筑面积：1320m²
设计阶段：方案设计/初步设计/施工图设计（竣工）
竣工时间：2014年5月
合作单位：上海中建建筑设计院有限公司

这个已竣工的建筑应该是大小建筑创立以来承接过最小型的项目，是由能达公园内的商品零售店和公共卫生设施组成，虽然项目功能性质比较单一，但我们依然希望创造出一个相对融合于公园的插入性建筑，所以一条对角视廊成为整体的视觉中心，原木色的外立面也起到融入环境的作用。以“小而精致”的精神去打造一个令人感到愉悦的空间，体现建筑对于整体环境的诉求。

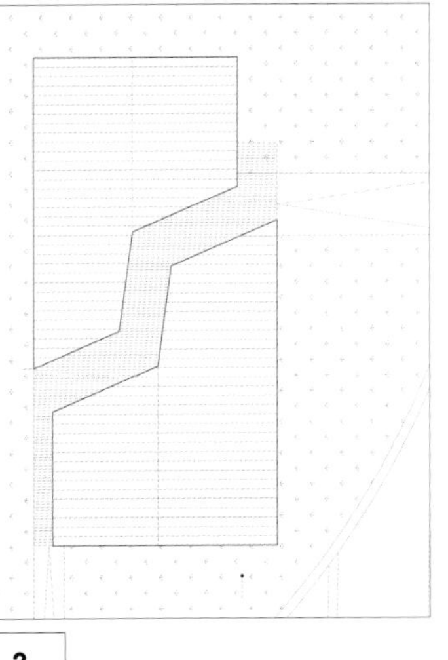

1-4. 建筑组合即景

5. 总平面图

筑 ARCHITECTURE

PROGRAM
方案类

069-099

西南商业入口夜景效果图

南通永旺星湖城市广场

地　　点：江苏省南通市经济技术开发区
业　　主：江苏星湖置业有限公司
类　　型：商业/办公/住宅综合体
建筑面积：460 000m²
设计阶段：方案设计
设计时间：2014年

整体鸟瞰图

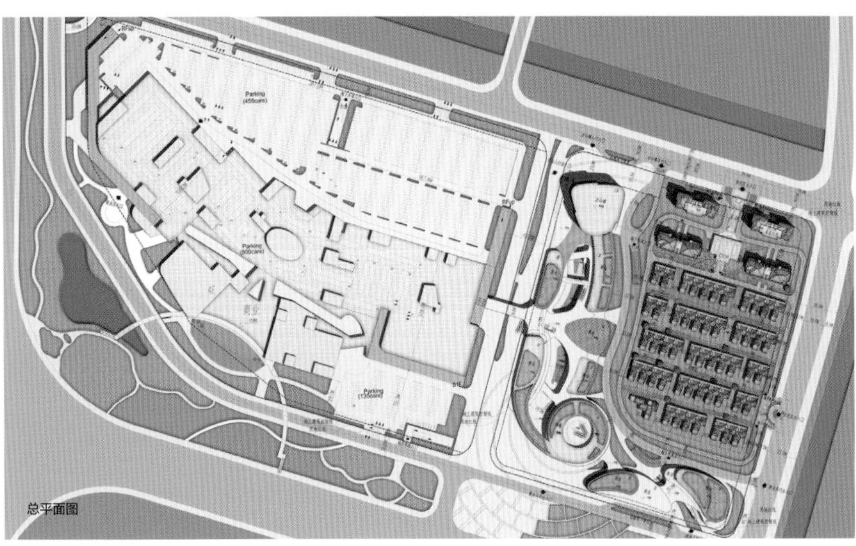
总平面图

本项目是大小建筑建司以来方案轮数最多的项目，这意味着从项目前期策划阶段到方案的正式实施所经历的研究过程。作为南通开发区新兴的商业地块，依托紧邻商业MALL 的自身定位，考虑以更具有灵活性的社区服务商业的面貌呈现。相对于封闭的商业 MALL 形式，以流线型的建筑外观来引入更多的人流和开放式的商业空间。单个的商业体量之前通过开放的步道形成多变的组合。

星湖城市广场的主体部分将与 MALL 形成整体的商业组团，其商业辐射力构成了完整的城市商业界面，同时，地块针对商业性与私密性区域进行合理分区，动静分离。将主塔楼布置于北侧，最大程度减少对商业动线和住宅日照的影响；住宅区位于私密性最好的东北区域；商业部分与 MALL 形成连续商业面。北高南低、西高东低，形成合力的布局方式，也满足不同业态的需求。

西南商业夜景效果图

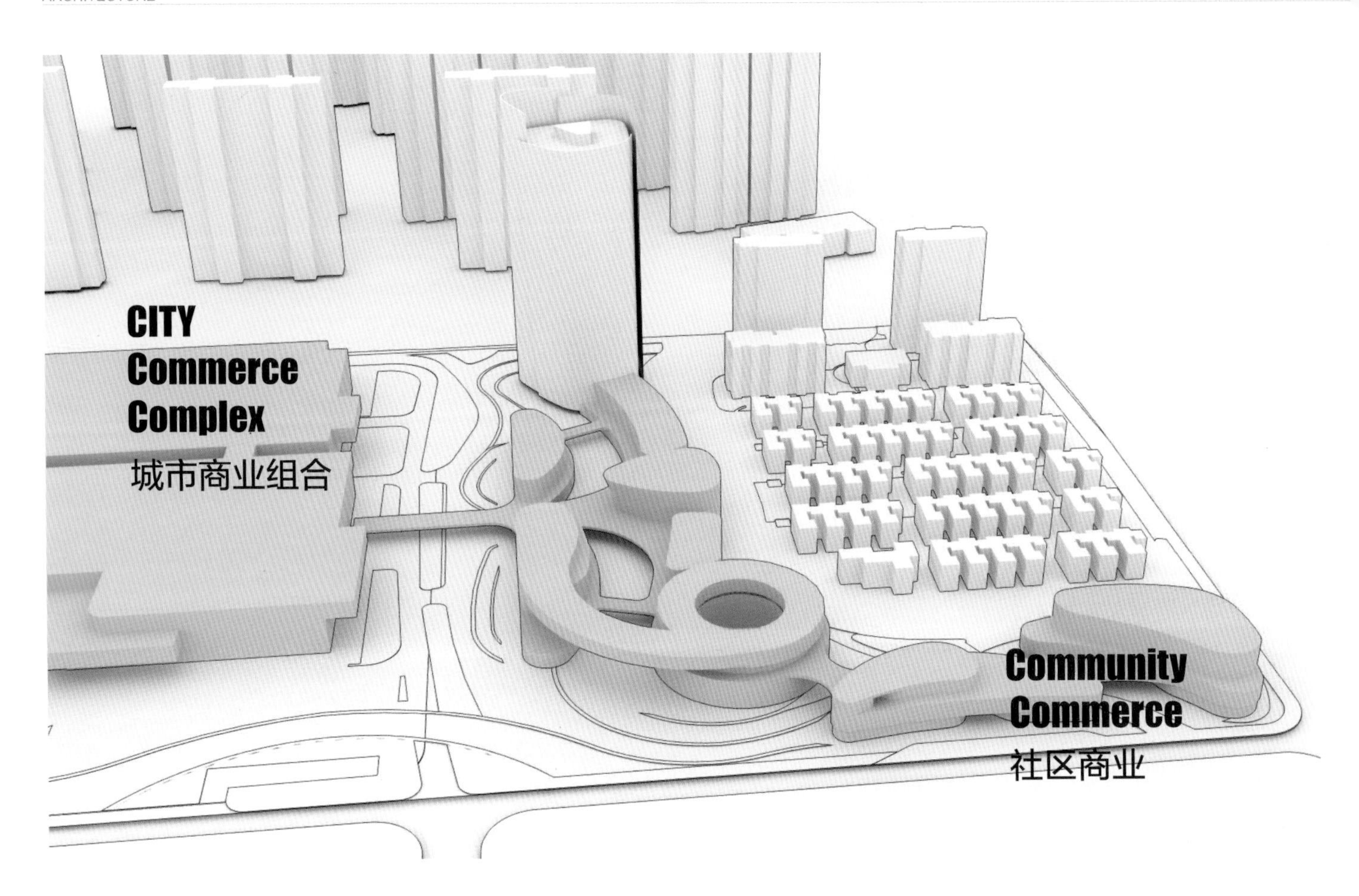
CITY
Commerce
Complex
城市商业组合
Community
Commerce
社区商业

CHANEL
Armani
PRADA
CORUM
MIOGGI
BOSCH
西北侧商业入口

整体建筑形体体量分析

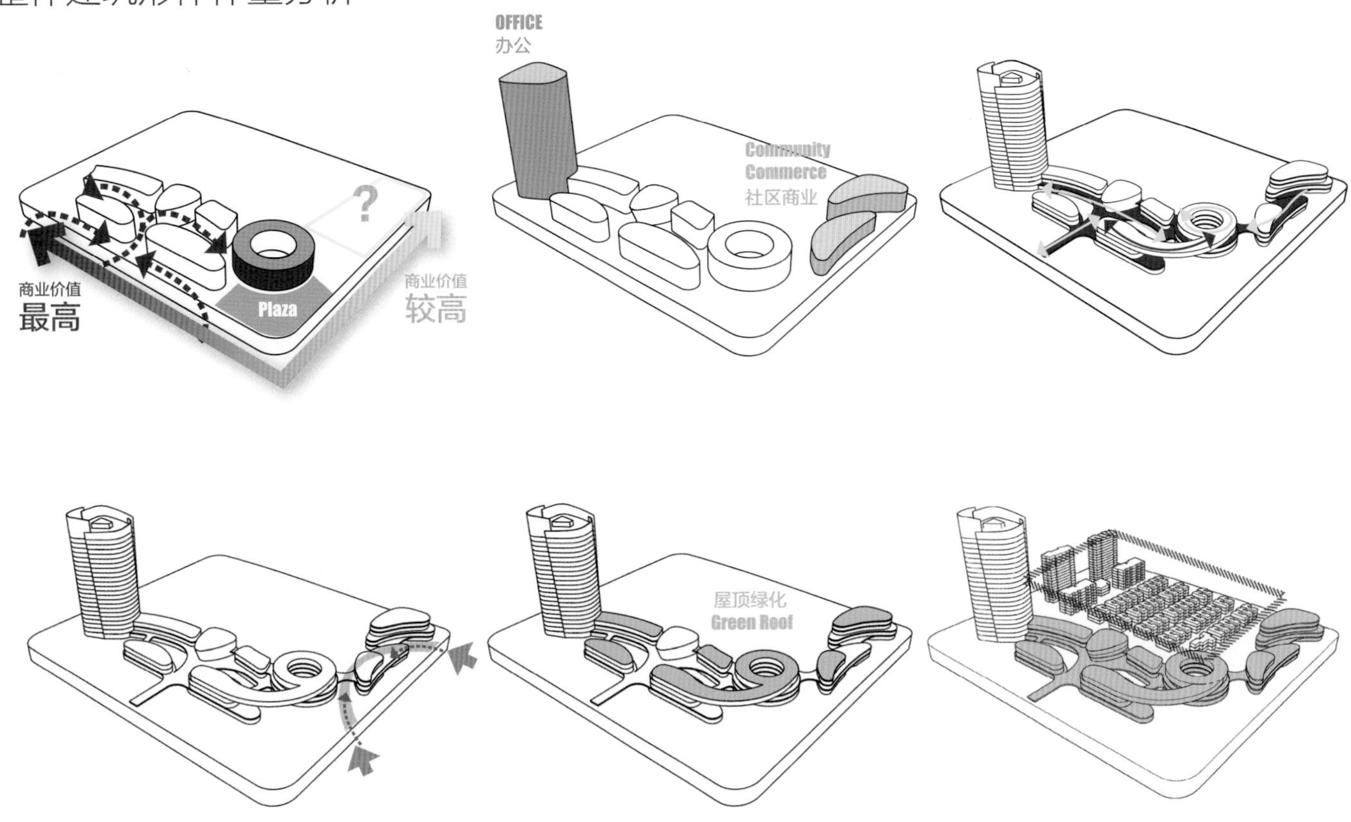

东南侧商业入口

LOUIS VUITTON
EMPORIO ARMANI
CLARINS
CORUM
GUCCI
SHISEIDO
SHISEIDO

商业内街效果图

1 3
2 4

1. 住宅区别墅效果图
2. 住宅区花园洋房及高层公寓效果图
3. 永旺 MALL 西南角透视图
4. 永旺 MALL 南侧透视图

永旺MALL北侧透视图

NOVO Concept
Lee
Seven Days
Benetton
SWAROVSKI
sisley

花亭禅境

地　　点：安徽省
业　　主：德坤集团
类　　型：禅宗文化园
设计阶段：规划概念设计
设计时间：2014年

安徽省太湖县与推动中国佛教发展起关键作用的两大人物——慧可、赵朴初都有着深厚的历史渊源，它在历史上有着保存禅宗一脉的功绩和孕育一代宗师的丰功，因而太湖县也理所应当成为“中国禅宗的发祥地，现代佛教宗师的摇篮”。花亭湖是一方具有佛性的水土，是国家AAAA级景区。湖区岛屿星罗棋布，港汊纵横幽深，湖面碧波荡漾，水质清纯优良，达国家二级用水标准。

在维持现有的格局上，保持狮子山的整体风貌，摒弃了整体区域的大兴开发，补充了若干禅修节点，以木栈道的形式加以串联。在尊崇传统寺庙形制的同时，运用现代简约的木构手法，塑造一座基于传统、面向世界的现代禅学中心。同时以禅宗为主题，衍生出净心宾舍和颐养公馆。

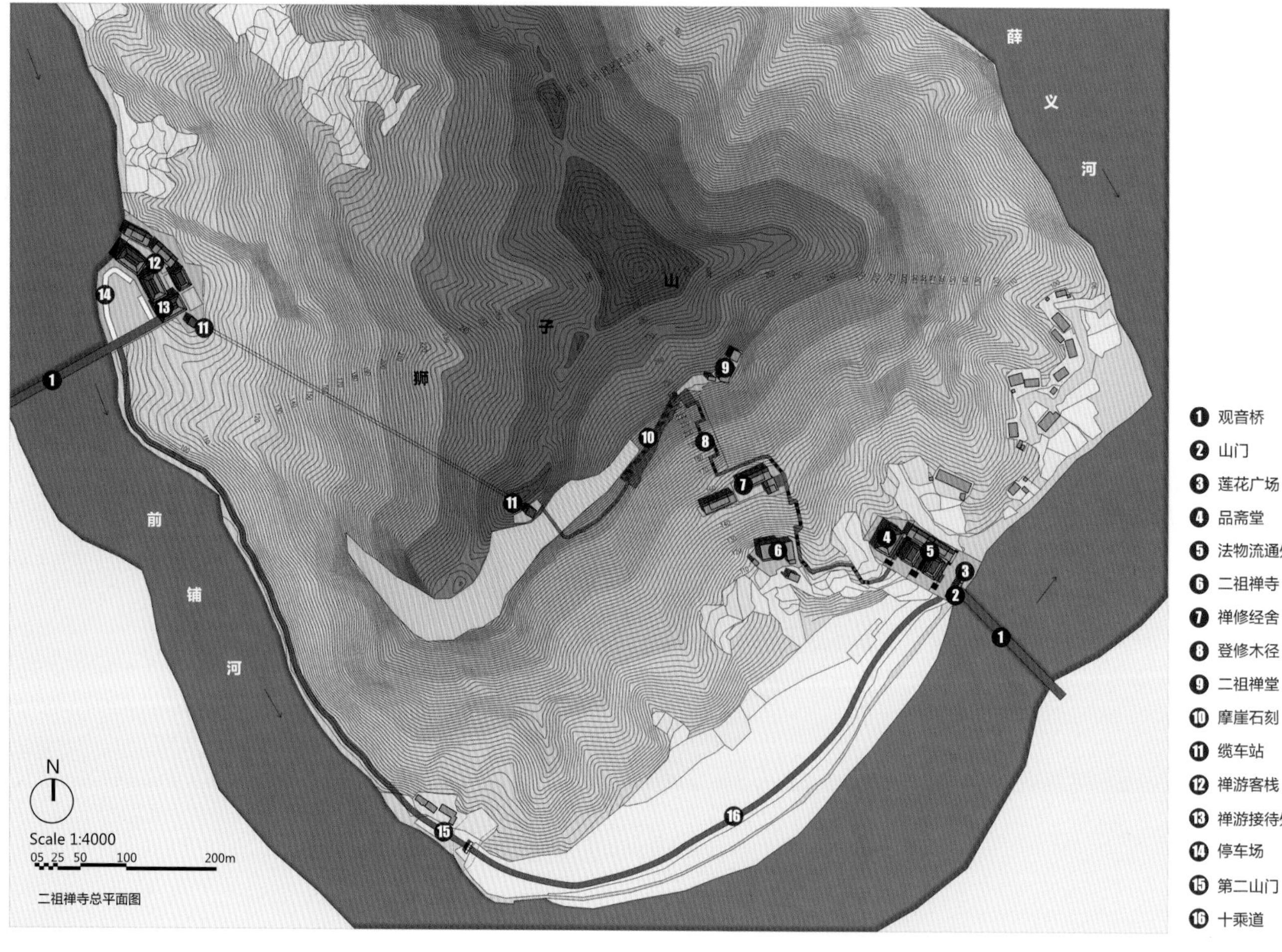

二祖禅寺总平面图

二祖禅寺总效果图

二祖禅寺整体鸟瞰图

二祖禅寺 · 禅宗之源

禅之三疗七修

清音堂

孔子曰：“兴于诗，立于礼，成于乐。”
在清音堂享受全天候的禅音熏陶，禅道却无意间让宾客感受到似仙似幻的梦境，与此同时，宾客还能感受到安庆特有的黄梅戏。

三疗（救已病）—— 禅疗、功疗、食疗

【禅疗】——是以少林寺达摩禅师所传经法而著名，达摩主张以“寂修”为本，万念皆空，明心见性。通过锻炼呼吸入门，对于气脉中和、坚实其内脏、顺通经络以充养先天，具有重要作用。

【功疗】——分类为运动疗法，是指利用器械、徒手或患者自身力量，通过某些运动方式（主动或被动运动等），使患者获得全身或局部运动功能、感觉功能恢复的训练方法。

【食疗】——又称食治，即利用食物来影响机体各方面的功能，使其获得健康或愈疾防病的一种方法。“药食同源”是中华原创医学之中对人类最有价值的贡献之一。五谷杂粮，有益于人类而无害于身体，因而性“中”。这是中华原创医学选择食品最主要的标准。

花亭食舍

花亭食舍将配以专业的大厨，尊重四季形态，因地取材烹煮，药、食两用，调、补兼具，以养正身体、修为健康，体验舌尖上之娱、膳食同源之本。

七修（治未病）—— 德修、功修、食修、书修、花修、乐修、香修

【德修】——通过对人类道德观念的修正，培养道德自律与自我完善，达到身心两正、身心两健之目的。

【功修】——修炼各种功法，强化身体机能，以祛邪养正、强身健体、利己助人，修复人体本自功能、长生却老。

【食修】——民以食为天。佛曰：法轮未转食轮先。尊崇自然、朴素的饮食习惯，针对身体状况、四季形态，因地取材，药、食两用，调、补兼具，以养正身体、修为健康。

【书修】——由书入道、由书入禅，提升人的品位与境界，通过进修美妙的书法境界，舒展情怀，在书写过程中掌握调心、调息、调身，达到养心、养性、养正，从而身心两健、增进禅悦，促进道心。

【花修】——“一花一世界”，百花治百病，花语达人意，花是植物超然的展现，也是爱的最高境界表现。以花入境，花是大地的智者，了解生存于这个世界的最高法则，在天地精华的涵养下造化出迷人的花漾，吸引世人赞美的目光，让众人看见花就能心生喜悦而用花传递情爱与关怀。

【乐修】——圣人作乐制礼，以乐为教。礼可修身兴国。

【香修】——香有十德：感格鬼神，清静身心，能除污秽，能觉睡眠，静中成友，尘里偷闲，多而不厌，寡而为足，久藏不朽，常用无碍。

品花阁

专门开辟的花圃田，为置身于此地的远方来客营造专属的个人花园，花是植物超然的展现，也是爱的最高境界表现。专业的花道师会驻场，进行一对一服务。

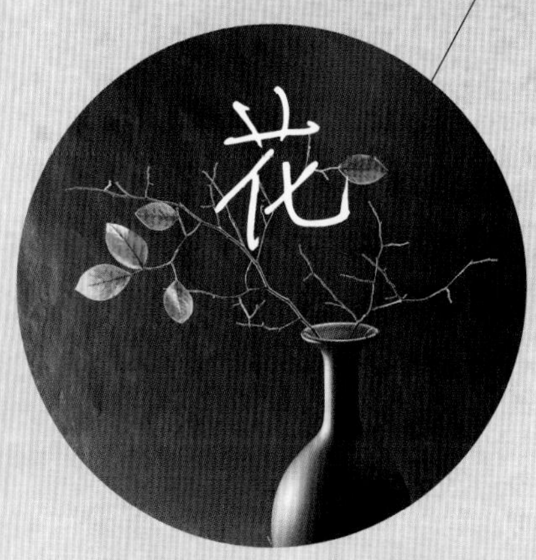

赵朴初纪念馆

赵朴初是新中国一代宗教界领袖，在国内外宗教界有着广泛的影响，也是当代佛学理论家、践行者。其推行的“人间佛教”思想使中国佛教事业发展到辉煌时期。

禅修博物馆

曰明禅理、曰契禅心、曰入禅行、曰立禅境、曰达禅意。架设在水面上的独特的莲花造型的禅宗博物馆内有丰富的禅意书画作品及佛教艺术品等禅文化产品，是禅友们了解佛家禅说的好去处。

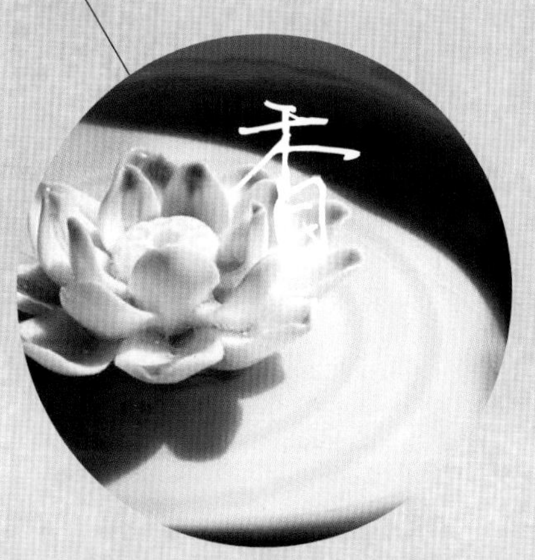

养心居

“禅”，也叫禅定和禅功。是梵文Dhyama（禅那）文略称，其意为“深思”、“静虑”、“思维修”、“守一”、“心一境性”、“制心一处”，是佛家气功。专属化的禅功修行的私人空间，感受独家定制的禅的礼遇。

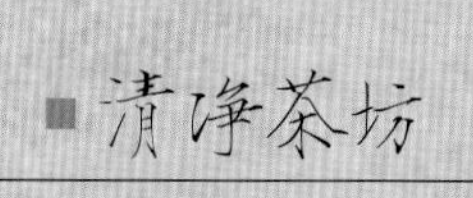

禅茶文化的精神是“正、清、和、雅”，禅茶的“正”就是八正道，“清”就是清净心，“和”就是六和敬，“雅”就是脱俗。清净茶坊的后山上有专属化的茶圃田等着你去挖掘。

净心宾舍·七修之地

净心宾舍整体鸟瞰图

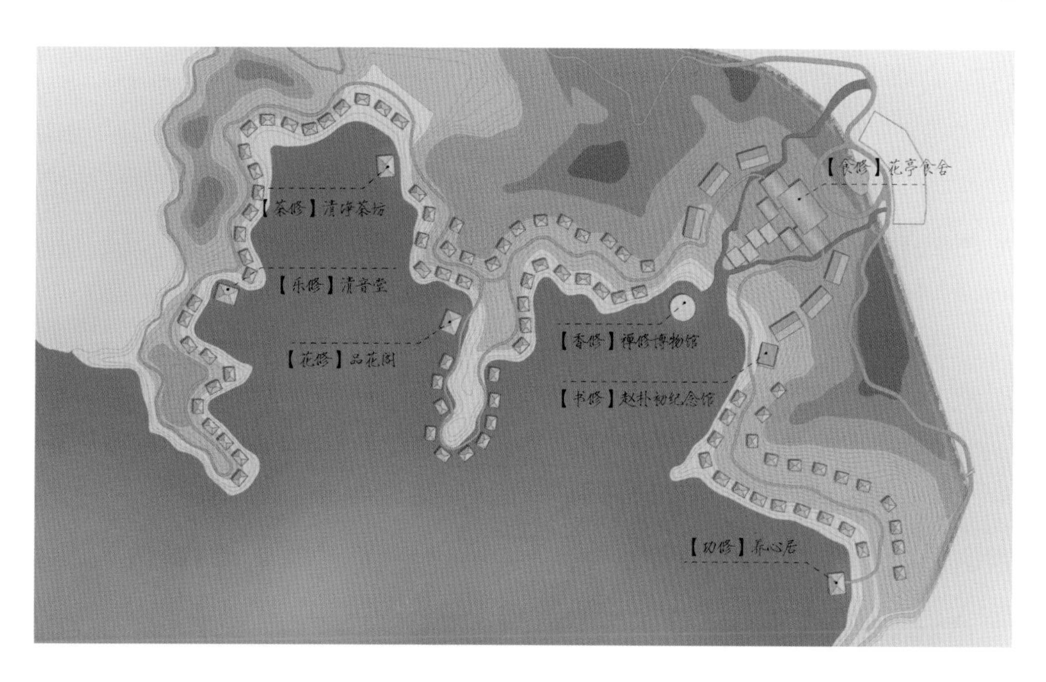
【茶修】清净茶坊
【乐修】清音堂
【花修】品花阁
【香修】禅修博物馆
【书修】赵朴初纪念馆
【食修】花亭食舍
【功修】养心居

净心宾舍主体建筑效果图

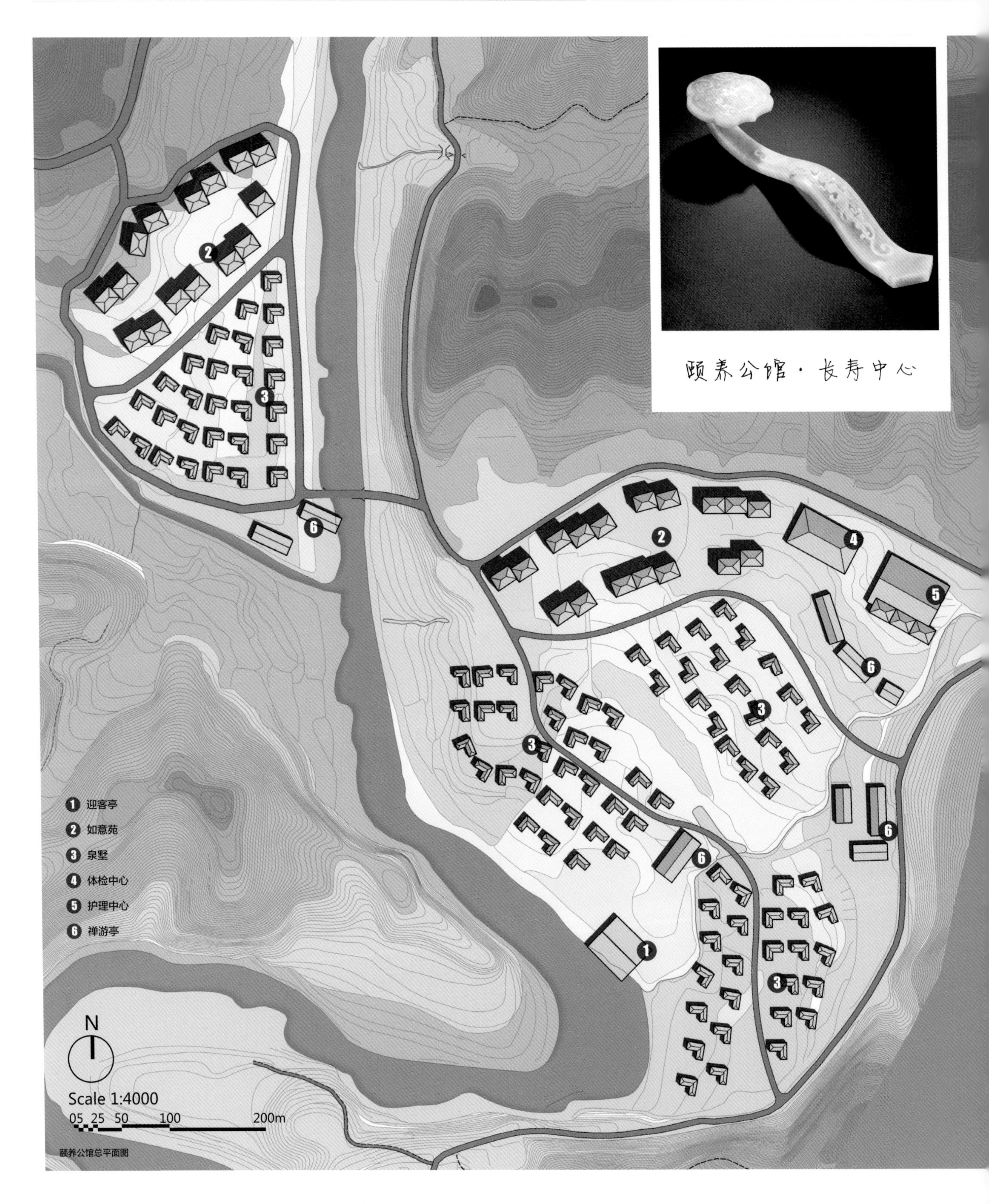
颐养公馆·长寿中心
1 迎客亭
2 如意苑
3 泉墅
4 体检中心
5 护理中心
6 禅游亭
N
Scale 1:4000
05 25 50 100 200m

颐养公馆总平面图

颐养公馆整体鸟瞰图

泉墅

作为如意苑最主要的建筑形式，温泉是本区的主要特色，天然的地下温泉水将被输送至独立私密的别墅空间内，老年人可以在自家院子内尽情享受自然光景。

如意苑

以多层公寓的形式，满足各阶层住户的需求，以绝对的高度视角俯视山水之色，视野绝佳，在风水学上背山面水，可见一斑，预示吉祥如意。

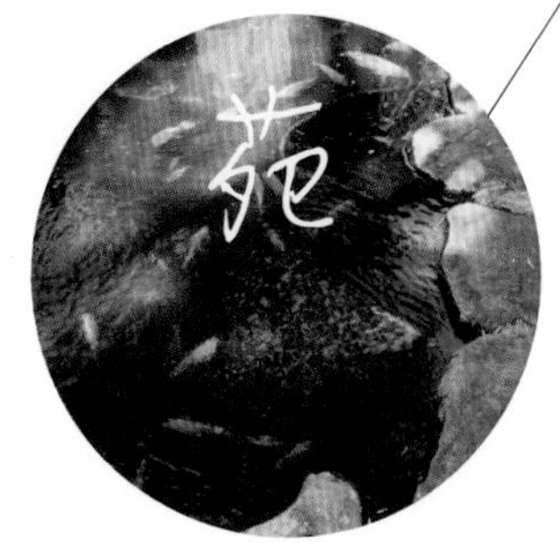

迎客亭

在这个静谧的地块，需经由专属的送客快艇由其他水域的码头转送至“迎客亭”。这作为颐养公馆的迎客中转站。

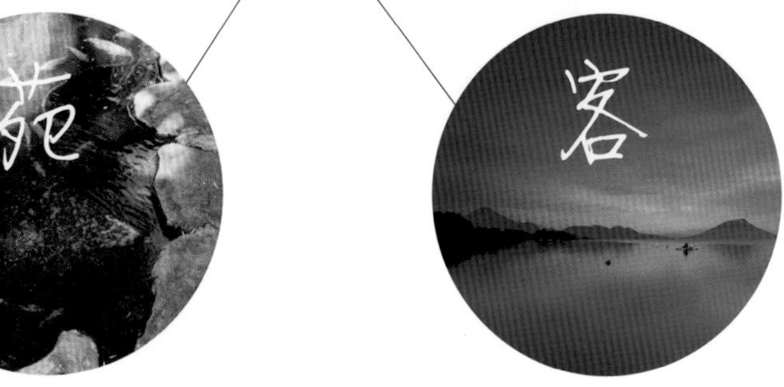

体检中心

除了专业的护理中心，同时还配备了具有规模的及专业级别的体检中心，针对老年人建立个人体检档案数据库，药品的配发也做到全程追踪。

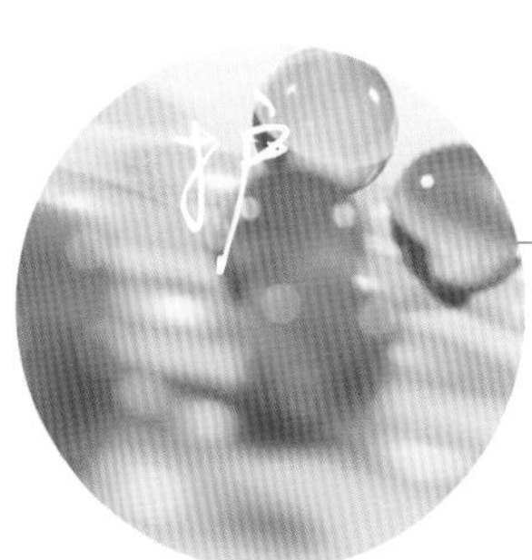

护理中心

针对没有全部自主生活能力的老人，提供了医护型养老院，有专业的医护人员进行24小时的全日看护，让失能老人颐养天年。

008 動空間

深圳大运中心3号地块建筑方案及大运中心再利用城市设计策略

地　　点：深圳龙岗区大运新城
类　　型：深圳大运中心配套商业
建筑面积：38 595m²
设计阶段：设计竞赛
设计时间：2014年

深圳大运中心地块位于龙岗区大运新城核心地段，总用地面积 520 000m²，总建筑面积 290 000m²，包括体育场、体育馆、游泳馆。大型体育场馆运营一直是世界性难题，大运中心位于新兴的大运新城，配套奇缺、功能单一、运营费用高昂，矛盾尤为突出。自 2011 年大运会结束后，两年时间内大运中心举办的赛事、活动寥寥，长期空置、沉寂，远未发挥出应有的体育、文化类公共服务职能。

本项目方案设计，是希望能为大运中心及周边提供配套服务设施，为大运中心由一个为事件而设计的城市空间转型成为城市生活而做的空间做出前瞻性的探索；用新的建造体系满足快速实施、可生长、可拆建的创意建筑聚落。

夜景效果图

全新的区域运行策略

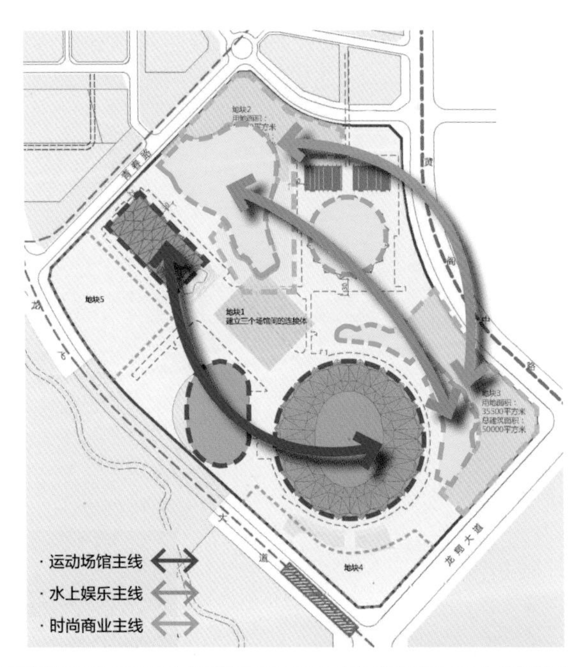

本项目面向普通大众，作为辅助商业设施区域，全新的运营策略使得深圳大运中心由一个为事件而设计的城市空间转型成为城市生活而做的空间，从大的体育精神到大众的身体健康的转折，并逐渐转变为年轻人的创意聚落，成为环保生态型的城市空间。

在建筑设计的寓意上，则希望项目空间形成一个【 SHOPPING + SPORT RING】的大概念，形成由建筑带动人行为的“动·空间”。

内庭空间

双年展效果图

建筑生长分析

STEP 1 结构柱网的确立。

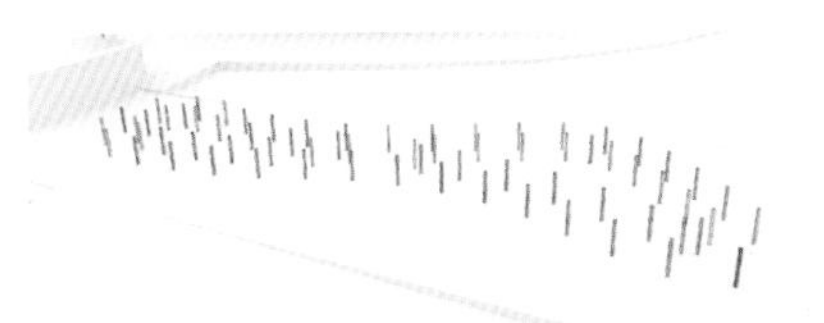

0%
展示

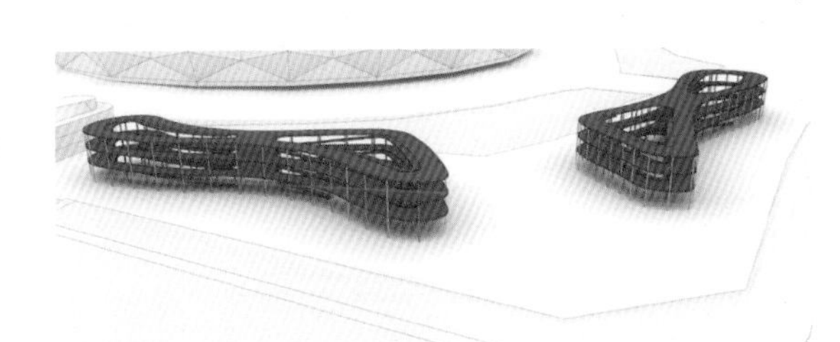

STEP 2 形成环道，构成公共交流空间和聚集点，并提供设备通道。

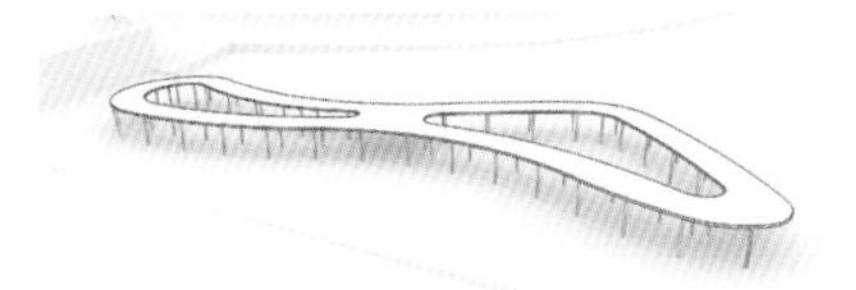

30%
展示 + 商业

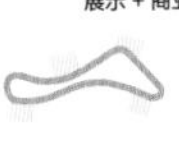
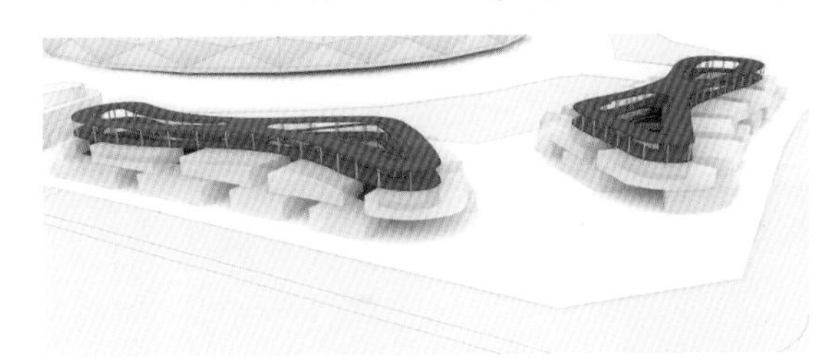

STEP 3 设计空间转换通道和辅助交通，形成交互动态跑道。

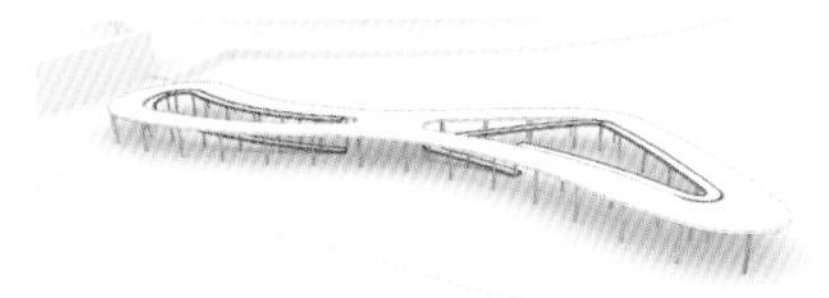

50%
展示 + 商业

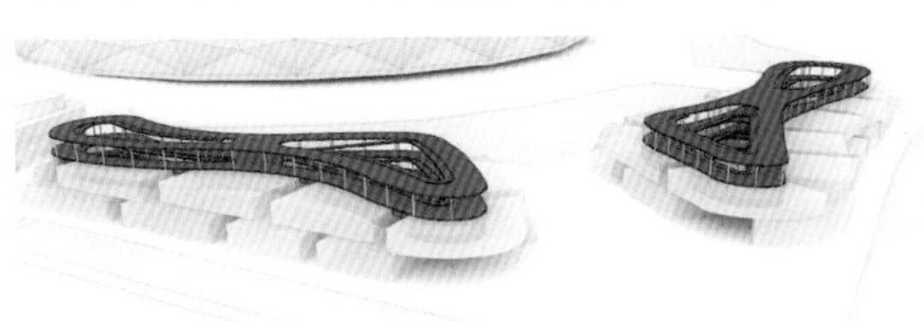

STEP 4 形成立体叠加。

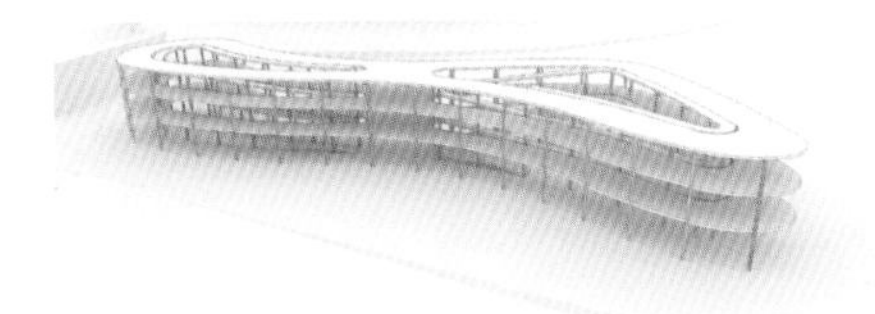

70%
透气性商业

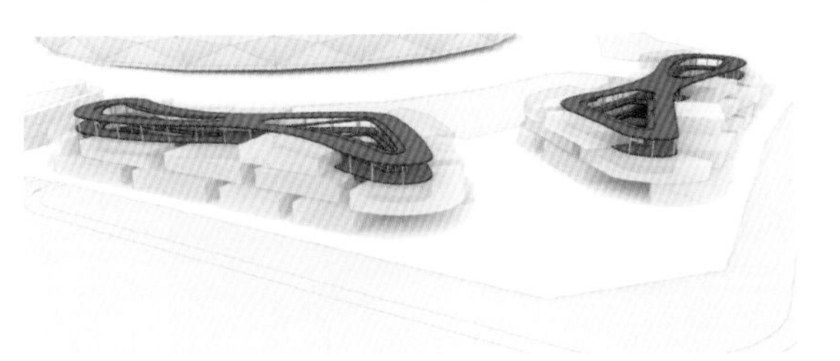

STEP 5 建筑体量的交错依附与生长，构成体块间空间。在未来不同场景下形成不同的体量变化。

100%
全商业

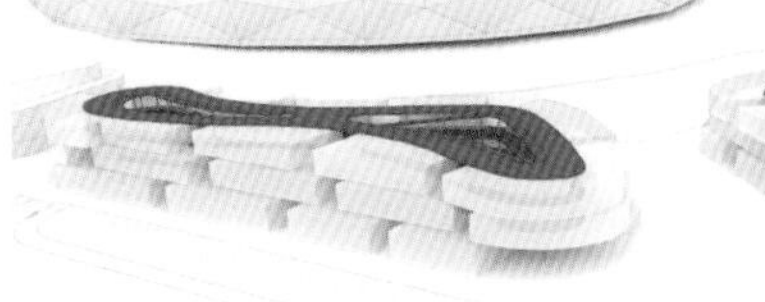

武汉东合中心三期

地点：湖北省武汉市汉阳沌口经济技术开发区

类型：办公/商业综合体

建筑面积：159 046m^2

设计阶段：方案设计/初步设计

耀江大厦

地点：江苏省南通市

类型：办公总部/商业配套

建筑面积：47 550m^2

设计阶段：概念设计

新疆乌鲁木齐2013-C-227地块概念方案

地点：新疆省乌鲁木齐市

类型：办公总部

建筑面积：75 234m^2

设计阶段：方案设计

謇公湖农业科技农产品展销中心

地点：江苏省海门市謇公湖

类型：旅游展销中心

建筑面积：4 900m^2

设计阶段：方案设计

海门经济技术开发区行政配套园区

地点：江苏省海门市

类型：办公及配套

建筑面积：18 220m^2

设计阶段：概念设计

能达绿谷

地点：江苏省南通市

类型：办公及配套

建筑面积：114 350m^2

设计阶段：规划概念设计

太仓市上海东路北侧E15-2地块

地点：江苏省太仓市上海东路

类型：总部办公/商业

建筑面积：47 744m^2

设计阶段：方案设计/初步设计/施工图设计

謇公湖国家大学科技园

地点：江苏省海门市

类型：大学产业园区

建筑面积：238 443m^2

设计阶段：规划概念设计

润锦 · 尚街乐活天地

地点：山东省青岛市平度市

类型：办公及配套

建筑面积：231 913m^2

设计阶段：方案设计

改

RECONSTRUCTION

100-108

设计院子

地　　点：上海市杨浦区
业　　主：上海建材集团工业投资发展有限公司
类　　型：厂房改造
建筑面积：7838m²
设计阶段：方案设计/初步设计/施工图设计/项目管理
设计时间：2014年

项目在尊重现有厂房格局的基础上，引入“里弄式”的办公格局，将工业厂房新生和城市背景相结合，更将绿色建筑理念导入到更新的环境中。

设计院子内庭空间

改造对比

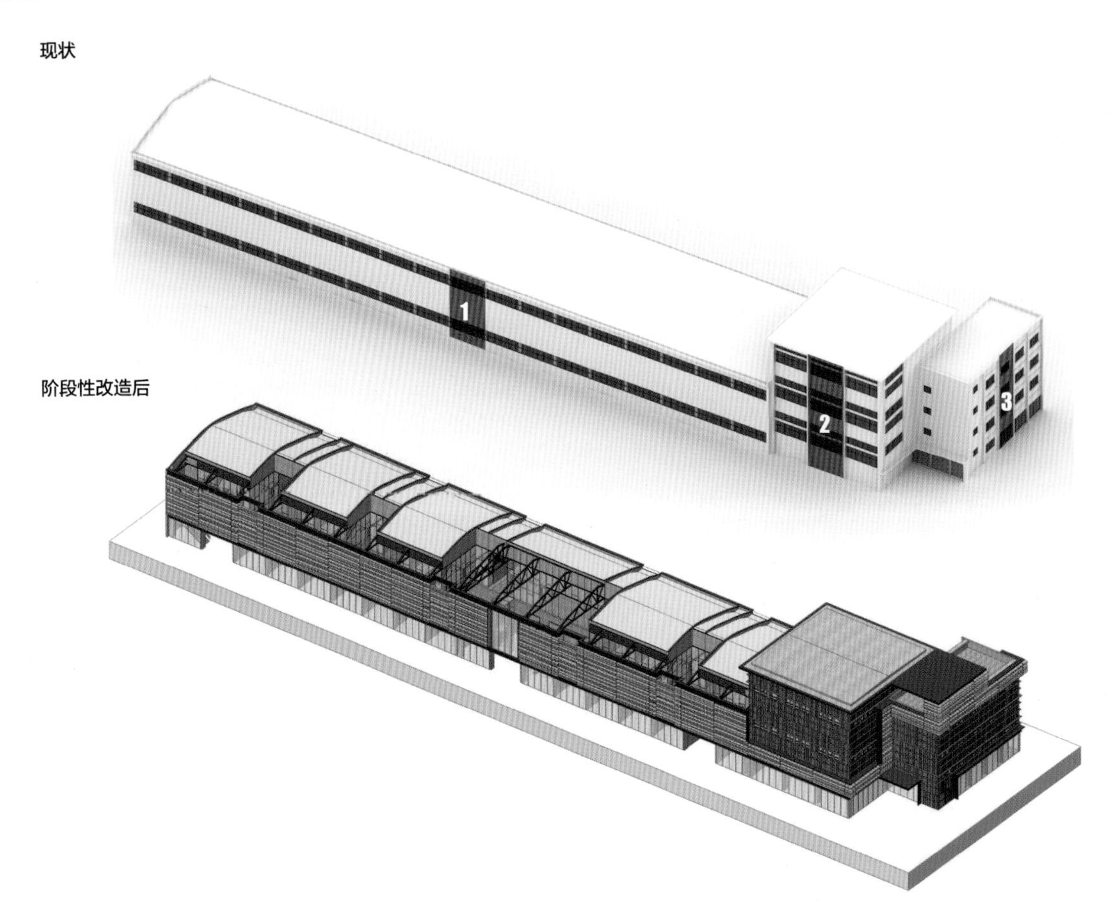

设计院子立面效果图

改造初期方案

剖透视图 1-1

剖透视图 2-2

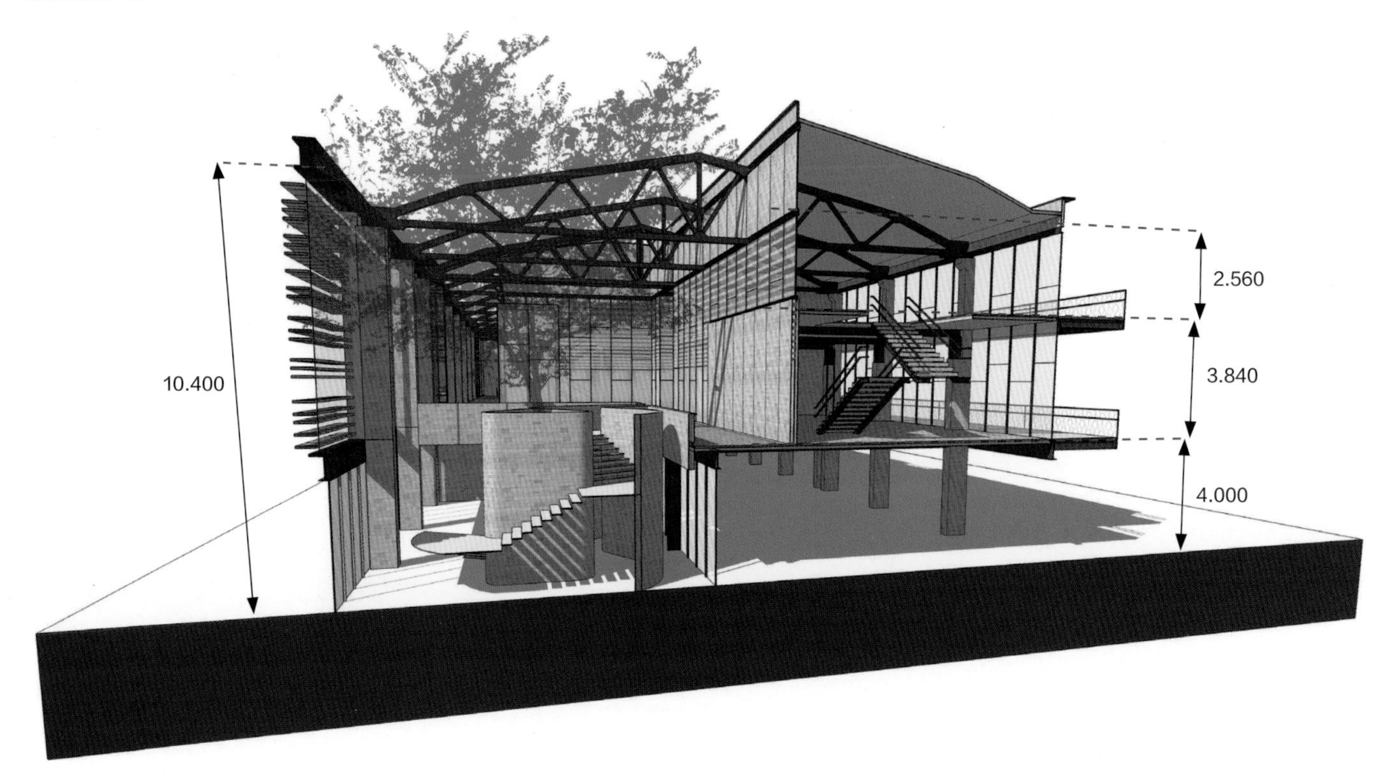

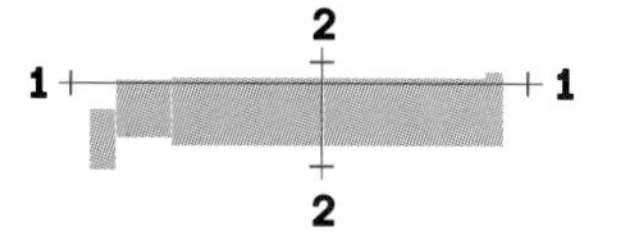

上海宝山铁路文化公园规划概念

地　　点：上海市宝山区
业　　主：上海建材集团工业投资发展有限公司
类　　型：城市规划
设计阶段：规划概念研究
设计时间：2014年

整体规划鸟瞰效果图

本项目希望保留传统工业建筑遗产及氛围，规划建设一个融市政绿化、文化遗存保护展示与旅游、主题商业、创意设计及养老等产业发展于一体的全新地标：上海宝山铁路文化公园。

希望以保护和改造历史遗留工业旧建筑群为基础，呈现区域文化文脉，借助绿色公共空间的重新构筑实现人和城市的记忆再现，塑造对城市和地方的归属感和认同感。本项目寻求的是在区域内以站点的点状形式，串联成线状格局，从而影响到城市层面的立体产业模式。使工业历史文化底蕴被深刻挖掘与弘扬，塑造对城市和地方的归属感和认同感。

周边现状

1.一个公园

利用地块独有的工业文化遗存全新规划，打造上海前所未有的特色公园。同时，结合历史元素与生态环境，形成具有鲜明主题性的“城市绿肺”，提升周边区域生活环境品质！

2.一个产业集群

在公园和它的辐射区内，将公益性公园、经营性商业与高成长性的产业集群糅合，打造一个互联网大背景下的集市民休憩娱乐、主题旅游、互动商业、体验型制造加工、养生养老、生态办公为一体的创意文化园区。

3.一个地标

“上海宝山铁路文化公园”的形成，将是宝山区乃至上海市的一个全新地标。其丰富性、系统性足以媲美纽约苏荷社区、巴黎左岸、北京798艺术街区等同类的国际性创意产业园。

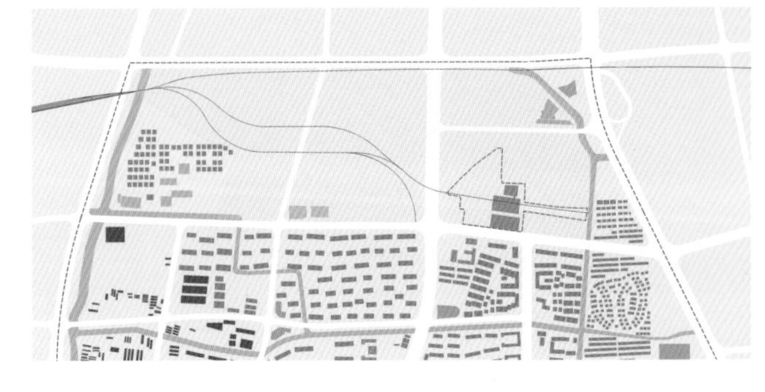

东侧鸟瞰效果图

西侧鸟瞰效果图

盟 ALLIANCE

大小建築 SLASTUDIO

上海大小建筑设计事务所有限公司是由主持建筑师李瑶和设计总监吴正创建的富有经验和创意的甲级建筑设计事务所，他们的设计作品屡获嘉奖，在包括酒店、办公、商业等城市综合体设计中表现了成熟完美的设计理念。主持建筑师李瑶曾获得“第七届中国建筑学会青年建筑师”及“具有大师潜质青年建筑师”称号。

在设计过程中，他们注重项目的环境因素，将设计理念和客户的愿景充分结合；通过全过程的设计控制，注重对细节的关注和刻画，完整地体现设计理念，以“小而精致、大至精彩”的原创设计精神创作不同类型的设计作品。

主持建筑师：李 瑶
设计总监：吴 正
经营总监：何曙明

设计团队（2014 年 11 月在册人员）* 按拼音排序

陈 栋	陈佳浩	陈子峤	傅俐俊	高海瑾
龚嘉炜	蒋国和	刘进才	娄奕琎	Maria
孙 涛	唐旭文	王 臣	项 辰	熊 华
姚 念	曾 婷	赵 峥	张冬燕	张天祺
张依辰	仲濛晖			

地址：上海市恒丰路 568 号恒汇国际大厦 906 室
邮编：200070
电话：021-32261209
传真：021-32261016
电邮：sla_shanghai@126.com
主页：www.sla.net.cn

多哈城市大厦结构封顶

上海易赞建筑设计工程有限公司是由一群充满激情（Energy）、执行力（Activity）、亲和力（Smiling）的年青人（Younger）组建而成的新兴团队。

上海易赞建筑设计工程有限公司创建于 2005 年，主要从事工业与民用建筑设计、建筑工程设计咨询等方面的服务，是一家发展中的具有现代化设计管理理念、综合设计素质高、各类技术力量强的新兴建筑设计企业。公司拥有完善的现代化办公设备和全新的设计管理方式。

上海易赞公司的成员多来自国内著名的大型设计单位，曾经参加过许多大型工程的设计工作，其中包括：上海环球金融中心、上海南站、虹桥交通枢纽、科威特亚奥理事会综合项目等。上海易赞公司成立以来，已经完成国内外结构设计咨询项目 30 余个，其中海外项目包括：日本仓敷公民馆项目、日本新日铁健康中心、卡塔尔大厦、卡塔尔多哈展厅项目、科威特机场控制指挥中心等，有着丰富的涉外工程经验。并与中建、中冶等几家大型总承包公司建立了良好的长期合作关系，承接的国内项目有：嘉定马陆综合项目、轨交 11 号线昌吉路站综合项目、绿城上海唐镇项目、上海环球大厦配套工程、成都 339 钢结构项目、沈阳浑南住宅项目、南通智慧之眼项目等。公司业务涉及结构方案设计、结构咨询及设计（工程设计、补强设计、结构造价概预算、抗震静力弹塑性分析、动力时程分析等）、结构施工图设计及 BIM 设计等多个领域。

客户至上的理念是驱动我们团队不断前进的重要因素，是我们想象力的原动力，它帮助我们实现概念和构思。我们与各行业精英合作，实现了品牌的最优化组合，这也被我们许多的客户予以认可和赞许。我们仔细聆听客户的每一个意图和渴望，这使我们构思出一个接一个的既独一无二又富有想象力的设计。我们正在且将要做的是把设计服务做到每一个细节上。

地址：上海市芷江中路 258 弄 1 号 702 室
邮编：200071
电话：021-56329390
传真：021-56329390
电邮：easy_design@163.com
主页：http://easydesign.vicp.net

科威特机场控制指挥中心效果图

施工中的科威特机场项目

EFC+
创羿（中国）建筑工程咨询有限公司是一家在建筑外墙、BIM、绿色建筑策略分析、建筑结构设计等领域具备行业创新及领先优势的建筑工程设计咨询企业。
EFC 致力于将最新的建筑科技和建筑设计手段应用于现代建筑的建设过程中，为建筑空间的最终用户提供最优的建筑解决方案。我们的使命是通过不断创新和提升的包括幕墙、BIM 可视化、绿色建筑策略、结构设计等领域的技术手段，与建筑师团队和开发商团队协作共同优化和提升建筑设计过程中的相关技术分项，达到在合理的造价范围内实现的具备高效节能和超高建筑空间使用舒适度的每个独一无二的现代建筑。同时 EFC 也致力于凭借其领先行业的设计实例和专业的工作态度成为建筑师及业主方可以信赖的专业合作伙伴。
经过多年的快速发展，EFC 的办公室覆盖了中国大陆北京、上海、深圳等重点区域，同时在西班牙（DOF）、马来西亚吉隆坡（Facade Network）、加拿大温哥华也都建立了合作办公机构。EFC 将在建筑工程领域为客户提供不同专业的高品质服务。
1\ 建筑外墙设计及咨询
2\BIM 咨询
3\ 建筑节能策略分析
4\ 特种结构设计及咨询
Vancouver
Madrid
Beijing
Shanghai
Shenzhen
Melbourne
地址：上海市杨浦区大学路 248 号 601 室
邮编：200433
电话：021-55661500
传真：021-55661530
电邮：info@efc-design.com
主页：http://www.efc-design.com

上海中心

服务范围： Service Scope	幕墙工程的招标文件审核、施工图审核、施工过程质量控制。
开发商： Developer	上海中心大厦建设发展有限公司
建筑师： Architect	Gensler Architects
项目概要： Project Description	中国最高楼，单元式玻璃幕墙、开放式石材幕墙、钢结构玻璃幕墙、金属屋面。
幕墙面积： Facade Area	180 000 m^2

上海中心效果图

特立尼达和多巴哥国家艺术中心 **National Arts Center of The Republic of Trinidad and Tobago**

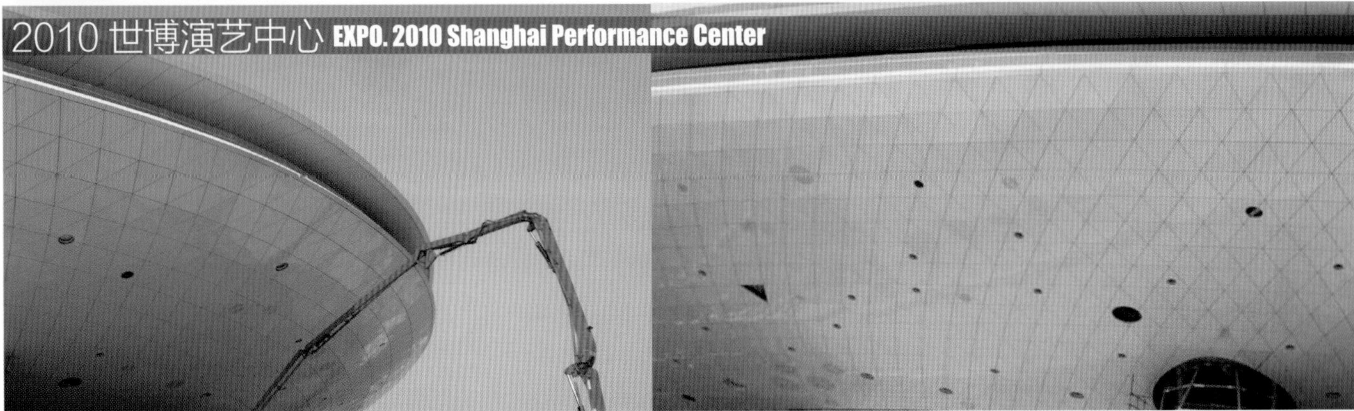
2010 世博演艺中心 **EXPO. 2010 Shanghai Performance Center**

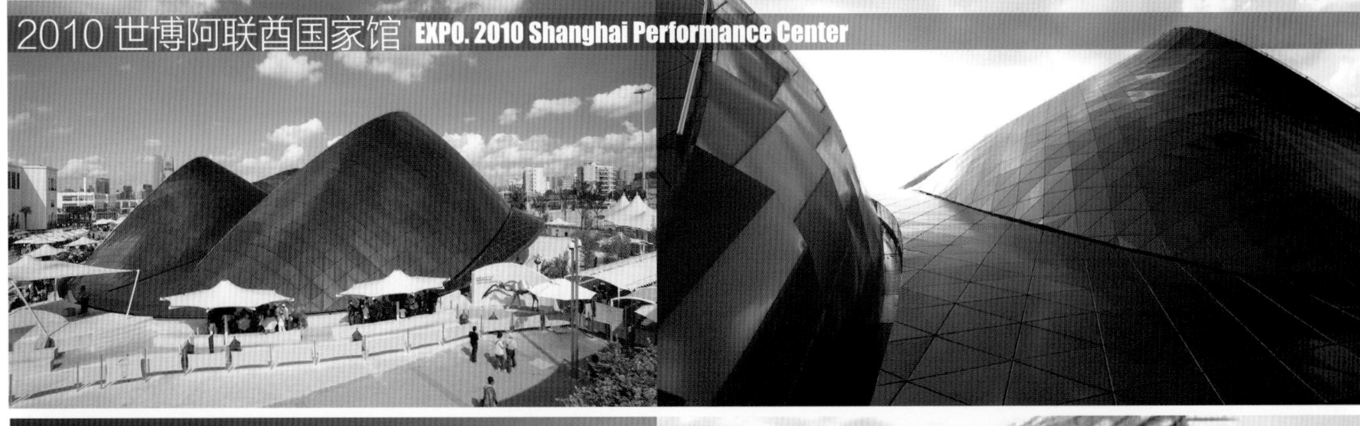
2010 世博阿联酋国家馆 **EXPO. 2010 Shanghai Performance Center**

2015 世博中国国家馆 **EXPO. 2015 Milan China Pavilion**

唐韵山庄 Tangyun Resport
墨尔本 Upper West Side Melbourne Upper West Side
北外滩悦榕庄 North Bund Banyan Tree - Shanghai
上海港国际客运中心 Terminal Gao Yang Office Buildings - Shanghai

虹桥临空经济园区体育公园

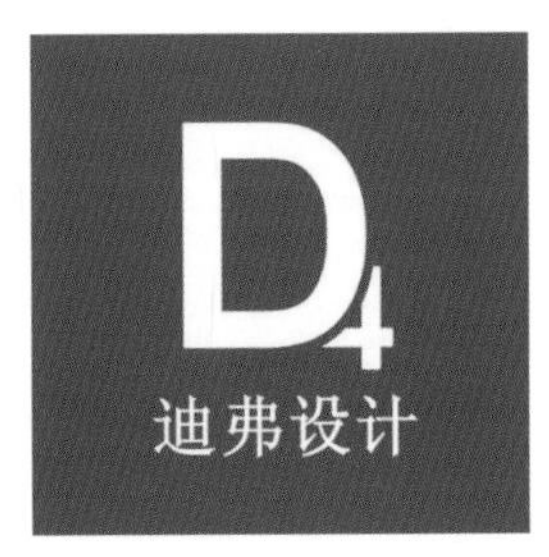

位置： Location	上海市长宁区
规划总用地： The planned land	140 600m^2
景观设计面积： Landscape design area	126 540m^2
阶段： Stage	方案设计

上海迪弗建筑规划设计有限公司是专业从事景观设计及城市规划设计的团队，汇聚多元文化、资源和经验，独立灵活运作，致力于满足客户需要，在市场中充满竞争优势。其多元化专业顾问设计范围包括：建筑设计、景观设计以及城市规划、城市设计，并始终遵循可持续发展的理念。

目前公司项目设计涵盖各类地产类中高端项目和城市规划前期概念、策划、设计，同时广泛涉足到一些公共类项目，此外对特殊地形及不同尺度项目有着丰富经验。我们在设计中贯穿“问题先导＋比较性解决”的基本设计思路，在设计过程中，我们努力确保每个关键节点中客户的需求和愿望都能实现，以风格定位展现项目的地域特点和文化要求，注重细节和个性的设计，力求达到完美的艺术追求。最重要的是，考虑设计中的创造性和持续性的统一结合，追求设计既要富有创意，同时也决不能忽略其持久性。

领导团队的主创设计师具有丰富的设计实践经验，熟悉建筑各种施工做法，能与建筑师充分沟通对接。团队擅长从事规划建筑景观的一站式整体设计，对项目设计质量及进度进行全程监控和把握；团队拥有自成体系的设计理念，鼓励创意的工作方法。同时公司设计人员具有很强的实力和丰富的设计经验。公司的主要设计人员都曾经服务于大型的知名设计事务所，并拥有不少于十五年以上的设计经验。已获得多家知名开发商及政府相关部门的认同，受委参与过多项不同类型的规划及景观设计，包括万达集团、华润置地、中海地产、招商地产、保利集团、绿地集团、中星集团等于北京、上海、大连等城市的项目。

本项目特点是由地下空间带动地面景观建设，为纯粹的绿化用地赋予了更多可能性与使用性。景观设计不光只研究如何创造优美环境，更深入研究了地下空间对于地面景观的影响和促进作用。

通过地面与地下空间的有序设计，共同营造优美、富有趣味性、公益性功能的城市空间，内设有小型社会停车场方便居民采购，同时将地下通风口与地面小品相结合，局部并采用下沉式广场与其相结合，使得地上地下结合功能与美观于一体。公园整体以软质的植物绿化和花卉相结合，通过简洁富有韵律感的线条结合硬质铺装，勾勒出景观优美、现代、时尚，富有生气的活力场所，构筑集大地景观、体育健身、交通文化展示和都市田园四大特色的城市公园。

景观中的运动场地通过螺旋线的步行线路与小品结合，让人们觉得运动的无限延伸和动感，与周边外环线立交的动感曲线很好的协调，充分地与公园自身所在用地位置做了很好的注释，也让这根线路成为公园的标志性特征，使之成为具有符号化的形象。

地址：上海市杨浦区大学路 243 号 13 楼
邮编：200433
电话：021-33627298
传真：021-33627297
邮箱：D4_design@163.com

景观效果图

江桥翠堤华府

位置：
Location
上海市嘉定区江桥镇

规划总用地：
The planned land
56 046m^2

总建筑面积：
Total floor area
149 209m^2

景观设计面积：
Landscape design area
39 600m^2

阶段：
Stage
竣工

总平面图

景观实景图

景观实景图

景观实景图

本项目作为一个以市场为导向的中档住宅项目，建造并满足人们对生活环境和居住条件的舒适性、安全性和生态性的要求，为人们提供多样化、可选择、适应性强的住宅，创造具有良好居住环境、有完善基础设施的文明卫生的示范花园小区。

景观设计在限价设计的基础下，努力挖掘空间塑造的可能性，在景观主轴线上打造了一个方形下沉式草地广场，为居民提供了一个集中活动的场所，两边特色景观灯柱有序地将人们视野聚焦到作为焦点的景观凉亭上，将整个主轴线上的空间塑造成整个小区的中心。横向展开的景观次轴上，除了联系下沉式草地广场，还链接了小区各个组团空间，并包含了篮球场、儿童场地等活动空间。将小区边界的河岸空间通过借景纳入到小区景观空间序列中，更丰富了小区景观，从而做到"简而不陋"。在主路的机动车停车位上努力的调整，使得主路每隔3~4个车位间拥有一棵行道树，为未来道路两边绿树成荫打下基础。通过场地地形的调整，将原来一马平川的用地改造成起伏的地形，使得人们在中间行走时具有野外的乐趣和体验，弥补了植被和灌木量不足带来的不适应性。

金源 · 新城福邸嘉园

位置 Location	广西省桂林市
规划总用地 The planned land	117 561m^2
总建筑面积 Total floor area	30 100m^2
景观设计面积 Landscape design area	87 461m^2
阶段 Stage	施工阶段

福和苑-山门及凤鼓

福润园-福润广场

南入口-人丁兴旺福字

在中国的传统文化中，蝙蝠是好运和幸福的象征，人们经常说的“五福（蝠）临门”，五福就由那五只蝙蝠组成。这“五福”代表五个吉祥的祝福：寿比南山、恭喜发财、健康安宁、品德高尚、一生平安。

根据此典故，带着美好的愿望通过景观设计与项目实际结合，将设计主题定义为“五福齐临门，鸿福传天下”，设计定位为“绿地，翠谷，生态，幸福之乡；典藏，畅达，活力，福气之城”。景观设计根据当地气候围绕着绿地，四季花卉展开，营造户户有景、家家现绿的新社区、新家园。

结合各区域的特点与道路划分等因素我们把基地划分为贵福、康福、寿福、德福、安福这五块片区，通过不同的设计手法将中国元素深入进每个区域。在景观上围绕着“福”文化，设置了一系列相关的景点与设施，如山门凤鼓、天下第一福、聚福广场、人丁兴旺福、百福亭、福和广场、平安亭、文化长廊等，不仅通过广场构筑物的设置，而且还引入主题雕塑形象化了的福文化内容，以景观和雕塑的手法为传统文化做了一次回顾。

上海高美室内设计有限公司
INTERIOR PLANNING&DESIGN

地址：上海市黄浦区汉口路 300 号 25 楼
邮编：200001
电话：021-63731988
电邮：hyland_id_studio@163.com
主页：http://www.goldmanid.com

上海高美室内设计有限公司创建于 1993 年，致力于为各大地产商及酒店投资商提供专业优良的服务，擅长酒店、商业中心、销售中心、会所、样板房的精装修设计。

GMID 由一群独具创造力和想象力的室内设计师组成，现拥有 40 多名长期从事室内设计的专业人员。以“系统管理求严，技术创造求新”作为人才资源管理理念，以广阔的职业发展空间和宽松的文化氛围培养设计人才。GMID 积极开拓国际同行合作，构筑设计咨询技术平台，众多项目经验的积累使得团队掌握了充分的专业技能及市场资讯，使设计成果得以最大程度体现先进性、经济性、合理性。

“专业，细致，领先”是企业的服务宗旨。公司服务过的主要客户有：锦江酒店管理集团、法国雅高酒店管理集团、喜达屋酒店管理集团、金地地产、星浩资本、万科、招商地产、保利地产、保利置业、厦门建发、证大置业、上海地产等。多年经营使公司业务遍及中国，在上海、杭州、西安、南京、青岛、大连等大型城市创作完成了大量设计作品。

室内效果实景图

室内效果实景图

常州售楼处

隐匿在城市中的那片童话森林

有人说，只有读过《格林童话》的童年才算是完整的。

穿过那片梦幻森林，来到另一个桃花源般的美好世界。这就是金地格林希望通过童话的体验唤醒每位来访者儿时的神奇和浪漫，打造居住的梦想和憧憬生活。

现今的我们时时处处被快生活围绕，设计运用树、鸟巢、绿色作为主要表达主体转身将喧嚣与烦躁抛弃，意欲打造安逸绿色美好的慢生活氛围，所以带着一颗阅读童话闲情逸致的内心来到这里开始规划幸福生活。

空间原本局促的售楼处面积捉襟见肘，曲径通幽的规划手法就像童话故事般情节曲折，有一种穿越的感觉。

纯白色的树杈和鸟巢构成的前厅仿佛哈利波特时光车站，告诉来到这里的每位穿越开始。鸟巢，就是居的意思。安居乐业是所有人的梦想。树尖上的鸟巢把居的作用放到很高的位置。木质表现出家的温馨和亲切。这一切似乎讲述着童话故事。原石、绿植墙组合的主背景呈现一番原生态的景象。绿，城市最缺乏的颜色，清新活泼。当它跃入你眼帘的一刹那，心中泛起一丝丝惬意。一旦结合原石更应是生命、自然的共鸣，是一种淡然惬意的意境。

落坐于洽谈区的沙发上，周遭是格林童话书架，仿佛倘佯在童话故事的海洋里，无比幸福和快乐。而中心位置高吧台与绿植柱结合创造了另一有趣景象，赋予上网浏览格林童话故事的功能，其乐无穷。

隐匿在城市中的那片童话森林也许就是你内心的家园。

室内效果实景图

室内效果实景图

室内效果实景图

金地金华格林春晓赖特太太馆销售中心

休息区效果实景图

享受一台草原风新式舞台剧

有着“国家级历史文化名城”荣称的金华位于浙江中部，历史底蕴丰厚。格林春晓项目地处美丽的城南新区。优质的设施配套和全新的市政规划使这里已然成为金华地产新宠。

销售希望设计贴合金华历史人文，尽量唤起目标客群女主人的审美共鸣和认同感，打造舞台剧场景般的视觉盛宴，变买楼洽谈过程为享受过程。

外观标准赖特风格的销售中心盘踞项目广场最显眼位置。如果说建筑更多表达的是赖特草原风男人般的质朴淳厚，那么室内力求通过提炼衍变组合，融入中式元素及当地文脉，通过室内空间规划、材质运用、色彩表达等最后营造一台女人喜闻乐见的时尚细腻精致的舞台场景。

室内空间规划完全契合赖特惯用的先抑后扬手法。共包括两层，一层是销售展示洽谈区，约500m^2；二层是样板房展示区。首先以略微压低的门厅作为一台舞台剧序幕，配合建筑入口大飘檐雨棚，忠实表达草原风剧情人文特征。伴随剧情展开是销售中心最核心空间——楼盘模型展示区。这里是所有销售人员的舞台，运用声、光、电技术在此区域尽可能地将空间渲染出足够的感染力，敞开使其具备足够张力。而舞台上最吸引人眼球的布景非楼盘模型莫属。而矩形平面空间处理既清晰又有些曲径通幽地将每位来客引导到洽谈区座位。落坐于任何一处，好像每位观众都能与舞台恰到好处地互动。楼梯位置位于洽谈区前端，非常顺畅地将人流引向二楼的样板房展示区，两层挑高的空间、解构手法、贝克仿铜吊灯，都让人对接下来的一切充满期待和遐想。

当然，任何好的舞台布景都少不了一个主题背景。以金华市花山茶花绢布彩绘作为模型沙盘的背景，正对入口第一视线，直接有效地营造出惊艳的视觉效果，开门见山地描绘了精致华丽的女人气质，更重要的是非常优雅地尊重了当地文化。如同VIP观众席般的洽谈区两端设置了赖特草原风细部特质的壁炉及吧台，作为空间的核心，这让整个洽谈过程在一个类似家庭般的温馨气氛中展开，本来很商务的活动充满了放松和享受，自然就可以建立起客人对销售人员的信任。

赖特风材质精髓自然少不了坚硬的陶质壁砖，自然的木质饰面，质朴的真石涂料，如同舞台布景少不了质感表现。彩色玻璃也是赖特喜欢的材料，只是在这里创新地应用在了墙面上和地面上，看起来有些小惊喜。为了符合时代审美，呈现时尚和优雅，在展示区与洽谈区中间一排陶砖柱两侧加上了金属的饰件，图案来源于赖特惯用的经典元素。当然我们不满足于这些，又在所有柱上加上回文造型的壁灯，不仅使得草原风植入中华人文内涵，而且加强了主要视线轴的序列感。

等同于剧场观众席的洽谈区家具选型希望运用柔美的曲线，配以紫色布艺，从整体气质上迅速中和陶砖的坚硬与质朴。再以少量椅子精美的木雕饰以暗金色油漆，进一步把女人审美情趣推向高潮。所有灯具设计全都是度身定做，金属与贝壳的结合既时尚又别有韵味。

富有时尚气息和人文传统的赖特太太馆，目的就是让每一位进入其中的来访者享受一台全新的草原风舞台剧，并转而对新生活产生好奇和期待。

吧台效果实景图

大厅效果实景图

室内空间实景图

室内空间实景图

上海索菲特海仑宾馆

室内空间实景图

老上海最具风情的所在

上海索菲特海仑宾馆位于南京东路——在老上海人口中俗名“大马路”。商街中名店林立，百业兴盛繁荣，百货大楼、风味餐馆随处可见。建筑群从近代到当代中西方文化相互融合，历时半个多世纪的西洋建筑随处可见，更有石库门里弄小径穿插其间，即使在日新月异的今天漫步其间感受的依然是十里洋场百余年不落的繁华与浓浓的老上海怀旧生活气息。

酒店就座落在这样一个历史与现代、时尚与传统的交汇之处。

索菲特是雅高集团旗下的高端国际酒店品牌，针对具国际视野、将工作与休闲完美结合的旅行者。酒店客房层为转型需要而进行改造，舒适并带有浓郁地域文化特色的入住体验成为本次改造的最终目标。

酒店客房改造最大的难题在于空间的狭小及地域特色的诠释。大量仅有25m²的老客房从感观及使用上都显得无比局促。改造后的标准客房布局一改传统的封闭式卫生间形式，也改进了全开放式卫生间对私密性的欠缺，将入户小过道与卫生间结合，增大了卫生间物理空间；并巧妙利用墙体斜向分割及大量通透玻璃隔断形成入门开阔的空间感受。客房由此在使用空间及视觉空间上得到最佳观感。

在客房层的设计上为迎合宾馆相对更年轻化及更具个性化设计的品牌定位，整体空间风格的设计更偏淡雅简洁。进入客房层，刚出电梯就仿佛隔绝了窗外的喧闹嘈杂，过道区的暗灯带照明更显平静，在打开客房门的那一刻让每一个入住的宾客在经过了大马路的繁华洗礼后身心得到完全的放松。隔窗眺望的是大马路的灯红酒绿对比着室内的安静平淡，那就仿佛是一幅繁华洋场的油画。而你，刚从那里走来，或者，正要进入……

而来自旗袍面料怀旧的靛兰、桔黄与大红色穿插在米白色的整体空间中，床头背板的旗袍与黄包车剪影隐喻着老上海的浮华风情，书桌边的小拉扣造型，衣柜中的怀旧风格墙纸，昏黄的灯罩光晕，如旗袍优雅的落地灯，地毯图案如江水般舒放随意的曲线，这些无一不在不经意中提醒着你正身处老上海最具风情的所在。

在这样走进与走出的入住体验中充满着有趣的矛盾感，安静与喧嚣、淡雅与浓烈、时尚与怀旧。而这一切构成了改造后的上海索菲特海仑宾馆客房对老上海风情的诠释。

室内空间实景图

室内空间实景图

LUCENT - LIT CO ltd
路盛德·灯光设计

餐厅

上海路盛德照明工程设计有限公司成立于1995年，至今承接了相当数量的照明工程设计项目，并提供全面的灯光设计服务，设计范围涵盖星级酒店、商业中心、大型文化演艺中心、精品专卖店、大型游艺场所、商务楼宇等。

路盛德提供全面的灯光设计服务，设计范畴涵盖从建筑初期的灯光概念设计、照明概念设计，到施工期间的灯具布置图、调光回路图、调光系统设计以及后期现场对光、灯光场景编排的调试等。

路盛德的设计师们具有不同学历背景，其中包括：建筑灯光设计、室内设计、房屋装潢、表演艺术等。通过各方面的审美角度，给予所服务的项目最富美感的设计。同时在设计选用的产品上也尽力为项目业主推荐切合实际、预算合理的方案，致力于节能环保，使得设计具有内、外价值。

地址：上海市虹口区大连西路281号1楼
邮编：200081
电话：021-55157071
传真：021-65071830
电邮：design@lucentlit-design.com
主页：http://www.lucentlit-design.com

建筑灯光

三亚海棠湾豪华精选及喜来登度假酒店

休息区

三亚万丽酒店渡假村

建筑灯光实景图

酒店大堂

室外空间

上海证大喜玛拉雅中心

交通空间

走道

走道

133-157

与会人员集体合影

1.

2013 大小建筑联盟秋季论坛实录

时间：2013年10月11日　13:30-18:00PM

地点：上海衡山路十二号豪华精选酒店　至尊厅

2.

序言

上海大小建筑设计事务所有限公司
主持建筑师 李瑶

大小建筑联盟论坛是由大小建筑发起，由五家核心成员单位积极支持，于2013年2月启动。大小联盟是以技术交流为基础，采用开放式、定期化的论坛方式。启动至今以双月谈的方式共举行了四期联盟论坛，今天是论坛第五次会议，同时也是论坛丛书第一辑的发布会，以跨专业的形式总结项目经验并加以汇编，形成论坛之外另一个有效的沟通方式。

第1辑丛书由两册组成，分别是《大小建筑进行时》和《江·海》。《大小建筑进行时》体现了我们目前的成果和设计实践；《江·海》是于2012年底竣工的江海大厦的建设实录，是我事业转型期延伸服务的三大作品之一，体现了全过程的设计理念。

这两本书的汇编凝聚了大小建筑及联盟成员的通力合作，得到了同济大学出版社的支持。同样，也得到了来自马里奥·博塔大师的祝贺。

3.

揭幕

由同济大学出版社总编辑姚建中先生和李瑶先生共同为丛书揭幕

徐洁先生

4.

致辞

《时代建筑》杂志执行主编 徐洁

非常荣幸能来到这里参加大小建筑联盟秋季论坛峰会，我们《时代建筑》杂志也同样在做一个平台，很高兴和李总在今年年初的交流中，谈到了大小联盟，首先我想说的是这个论坛和我们在做的平台在很大程度上可以做一个联结，当今信息传播和交流不只局限于做论坛，可能包括图书、展览和其他的活动，我在建筑行业从事媒体已有30年了，可以说对中国专业的设计机构和民营机构的了解已经很深入了。大小建筑联盟能将自己近期的研究成果进行展示其实是非常好的方式。我们希望不单单是通过图书的文本，可能通过媒体和网络，去传播设计的智慧和设计的价值！

建筑和城市的关系的研究，联盟内已经有了很多的积累，未来我相信联盟做的事可以在更加大的平台上来做联结和分享。根据今天演讲流程，讨论的话题都是当下设计的关注点，中国未来的养老发展，会对整个社会产生很大影响；城市商业建设同样值得关注。

5.

为专业而联盟

李瑶

自20世纪80年代，中国进入了快速增长的建筑时代，催生了无数的建筑作品。城市因建筑而改变，也给予了建筑师宝贵的思考、实践和认知的机会。在个人20年的设计实践过程中，也经由了一条历练和提升的阶段。在两年的赴日交流建筑师的过程中，参与了东京大厦、半岛酒店的方案设计，设计思维从设计初期的无束缚期向理性的建筑思维转变；而后作为中央电视台新址工程项目副设总带队前往鹿特丹进行了一年的方案初设合作期，通过团队式的合作体会的是对现代化建筑空间的体验和认知；在央视四年的设计周期后，开始运用积累的设计理念在国内海外市场进行项目实践。

在设计优而行政的管理体系中，随着越来越多奔波于不同的城市负责着不同类型的项目，越发感觉到技术和商务间、合作设计和原创设计间的时间和精力的失衡。2011年9月，最终选择了寻求相对宽松的创作氛围，同具有同样建筑理想的吴正建筑师一起组成事务所的核心，以相对宽松的创作氛围和专业化的工作室模式来实现对建筑的理解和追求。更多地以具有区域特征的原创精神、以"小而精致、大至精彩"度身定做式的设计服务创作作品。

大小建筑着力于更多地将专业化的

联盟成员合影

李瑶先生在讲述央视项目的过程

设计理念引入于项目的整体过程，将设计服务贯穿项目全过程完善项目的起承关联。在近两年的探索过程中，在获得业主方不同项目的委托下，寻求在经济性角度上的建筑性表达，将建筑设计的专业性向两端延伸，一方面将设计经验转化成前期策划理念，在市场尚未定型之际来辅助项目的开发和定位；另一方面追求成熟的设计理念与建筑技术相结合，保证项目理念的落实性。大小建筑力求体现设计和建造的完成度，通过负责项目的全过程设计，以及包括室内设计、设计顾问管理等衍生服务，最终体现建筑师作为项目的灵魂作用。

在将每一个专业做精的氛围下，面对大型项目的综合需求，大小建筑作为发起人，联络了建筑、结构、幕墙、BIM、室内设计和灯光设计等核心单位，开放式地结合了一些设计合作伙伴，形成了一个以设计交流为基础的联盟——大小建筑联盟。这一联盟从成立之初即被塑造为一个专业事务所之间的交流平台，联盟成员间给予相互技术支持，通过联盟的技术交流以此来保持事务所的活力和竞争力。大小建筑联盟是以技术交流为主要沟通方式，采用开放式、定期化的论坛方式加以推进。

以技术为核心、为专业而联盟，成为项目建筑师的设计深度、力度的必要保障。在这两年中，2012 年底前完成的三个项目是对前期设计阶段的圆满收官，同时一系列的大小作品体现了我们实践的脚步。

· 衡山路十二号

衡山路十二号豪华精选酒店是空间和细部的全过程把控，遵循着体现上海底蕴的建议目标，结合风貌保护区的规划要求，以低调中的典雅贯彻设计始终。在马里奥 · 博塔大师的设计方案确定后，我有幸受邀成为深化团队的项目建筑师来全程负责设计和设计顾问管理。

酒店作为最复杂的建筑项目，衡山路十二号同样聚集了设计及顾问的全面力量，从建筑设计、室内设计、灯光顾问、景观顾问、厨房顾问、AV 顾问、声学顾问和 SPA 顾问等各个环节。结合复兴路风貌保护区的特征，项目首先被确定为一个限高的多层建筑，并根据基地进深较深的特征，合理地划分出内静外动的格局，沿衡山路侧设置了包括大厅、宴会、餐饮等配套设施，在基地内侧布置了客房区域。

衡山路闻名于其树荫婆娑的氛围和红墙灰瓦的欧式情调，但对于基地来说，受周边建筑所限，并无景色可借。另外受高度限制，无法形成理想的高度视角。方案从城市脉络中得到灵感，欧式的几何庭院成为内部景观焦点，形成项目的绿核所在。

对于多层的布置和平铺的布局是对功能和流线的极大挑战，随着确定酒店的管理方后，就项目的整体营运和建筑效果等进行了大量的协调，形成了以独特的 U 形连廊联通的客房标准层，走廊划分出庭院客房和城市客房的内外客房方式，以全景观套房作为布局收头。酒店最终提供了 171 间套的客房空间。

首层以沿内庭的环廊环抱，布置了前厅、大堂吧、董事会议和商业设施；公共部分二层设置了中餐区域，大厅包间以开放式茶吧连接；三层为容纳 280 人的多功能厅；四层结合限高退台布置了全日餐厅。室内风格和建筑相对应，同样表达出材质和建筑的对话。客房部分以庭院和城市风格作为两大基调，选择了上海市花白玉兰为母体，以植物和花鸟贯穿，再次凸显低调中的雅致情怀。

项目的外墙和区域相融合，采用陶板的幕墙体系。在公共区以陶板和玻璃的双层体系，表达光线和室内的交互；客房区则及 45° 、90° 、135° 做角度变化，在不同时段季节的光影下反应出光影变换。

绿色内庭的景观是结合地下泳池的采光要求布置，以绿草为基础组成若干组植物组图，形成丰富的视觉效果，也将光线引入地下空间。地下部分设置了一个两层高度的标准泳池空间，形成了沪上又一独具特色的健身空间。

在进行这些项目实施的同时，大小建筑也同样跨出了自己的一小步，以功能性和专业性相结合，去传递建筑的创意和技术美。

· 央视

庞大的建筑创造出丰富的空间，展现了国际化的思想和艺术性，并凝聚了顾问团队的集合力量。梁思成先生曾用“用建筑来隐喻建筑”来体现建筑的纯真性，但超规模的建筑无疑承担了城市更多的思想性和艺术性，这个建筑超越一般的尺度感重构了 CBD 的建筑秩序。整个项目以 47 万 m^2 的单体建筑面积、234m 的建筑高度勾勒出一个巨型建筑的轮廓，以媒体交流循环的功能方式成为设计的原始动力。建筑包含了电视制作的所有组成环节——行政管理与综合办公、新闻制作与播送、节目制作等要素。一个以播放空间为主、另一个以办公空间为主的双塔从一个共同的基座升起，双向内倾斜 6° 在 163m 以上由 L 形悬臂结构构成了顶楼的会议及管理层。

巨型结构的设计无疑会关注于基本技术要求的对应，项目复杂的交通组织和转换，对于消防和抗震规范的解读和对应，通过一系列创新的方式包括空中转换、穿梭电梯等加以解决，在项目设计同时也为整理和开创图层管理系统提供了基础。

· 江海大厦

江海大厦则突出了建筑的地域属性，项目位于长江边的开敞用地，设计力图以江河的蓬勃气势和江南俊秀的建筑表现相互融合。在一片开阔之地，设计初期经历了多层和高层的抉择，最终选择了创造更多的江景资源。当大楼建成之际，由办公室眺望长江，感慨当初正确的选择。

围绕小而精致的命题，设计除了强调技术性和地域性的结合，也更希望表达空间和功能的结合，块面清晰的南北中三块条型布局。主楼位于中央位置，南侧以外挑独立的入口大厅衔接，灵活的办事大厅和展示空间对称布局，水庭作为块体的连接，赋予建筑独特的到达氛围；北侧为对外开放的健身中心，以入口交通节点为中心，连接标准泳池和球类区域。

项目中将立面设计、幕墙技术和建筑物理等不同的技术范畴融合，基于建筑物理的分析，根据项目各向遮阳的要求以建筑立面的方式加以应对，南立面强调竖直的立挺表现，西立面强化水平遮阳，而北侧则以石材相间隔，三者的体系化对应传递出应技术而生的俊秀表达。

论坛现场

姚伟毅先生

6. 老有所属 Aging in place

加拿大狮门养老管理机构 姚伟毅

如果大家关注养老产业的一些文章，必然不会对“Aging in place”这个出现频率很高的题目感到陌生，它背后代表的意义是：不管老年人的收入、年龄，他的生活行为能力水平如何，他都可以在自己的家里或所属的社区内自由地、安全地、舒适地生活。

首先非常简单地介绍一下狮门养老住宅管理公司。狮门养老住宅管理公司是加拿大温哥华市的一家专门为养老地产开发、辅助生活和综合护理社区提供咨询的公司。公司重点致力于服务加拿大和中国养老社区的开发、承发包和运营。 公司的主要负责人具有在房地产、项目开发、管理和运营等各方面多元的实至名归的背景和经验。曾经从事过养老机构 CEO 的就有 4 位，IT 的负责人是加拿大最大的电讯公司的 IT 部门主管，财务咨询方面的负责人是加拿大会计学院的院士。

加拿大的养老部分和中国是相似的，养老住宅的选择有老年寓所——自租公寓或排屋，享受老年人生活社区提供的安全、保障和支持；配备各项辅助服务的独立生活——独立生活在一个养老院社区内，可获得各类辅助服务，如餐饮、家政和各项活动；辅助生活——独立生活在一个退休之家或疗养院社区内，日常生活需要经常性辅助的人，可以获得专业护理人员提供的范围更广的支持服务；住家综合护理——疗养院住所，提供全天候护理服务，适用于那些无法独立生活或需要更高级别的医疗卫生护理的人。

养老社区可以产生于新建建筑、项目翻新或改建，或者现有设施的升级。决定是否要开发养老住宅就像选择进入任何一个其他商业邻域一样，开发商首先要回答以下问题：当老年人考虑选择住所时，他们在决定入住前会有什么样的期待？老年人的习惯性是非常大的，社区选址是否能吸引目标居住市场？商业计划要包含什么内容？采取何种建筑设计模式以迎合目标市场？将要提供什么程度的服务和哪几类内容？

我们还需要考虑向地方政府部门咨询有关规划、建筑、商业许可、防火、环卫、养老住宅标准，针对老年住户的健康和安全标准等方面情况，了解有哪些要求以及满足这些要求涉及哪些事宜。例如，加拿大对于所有养老建筑室内的温度都有严格的控制，温度变化范围有明确的标准，但反过来对于建筑的能耗又有节能的要求，所以需要做一些聪明的事来解决这种矛盾。

然后就是决定所服务的需求：通过市场调研收集特定社区的信息，收集的信息包括目标市场的人口统计数据；考虑竞争环境，是否在该区域内有已在运营或已计划建设的其他养老设施，已登记的设施数量以及这些设施的性质，是享受政府补贴的、私营的还是非营利机构（教会）开办的；针对需求市场支付能力的门槛在哪里；现有社区内住宅及服务的类型有哪些。

另外非常重要的一点，我个人认为国内目前比较薄弱的就是财务分析和预算。狮门养老住宅管理公司开发的高度成熟的财务模型包含了预计收入、资本成本、运营费用、财务策略，用以决策如何使项目在财务上自给自足或盈利并达到客户要求的程度。

除此之外，还要考虑影响规划和运营的需求。客户的战略目标将被融合进以需求为基础的规划和运营方案，以此确认最受市场支持的空间分配的优先顺序。这种做法提供给客户一个能评估他们目标市场的独特需求特征并且可以在规划和服务上达到统一的框架。由此产生的各要素优先顺序连同对市场动态创造性的洞察能将设施概念性地规划成可以吸引老有所养的充满生机的地方。

还有，至关重要的就是人事。一个养老社区成功的关键是在于采用专业的服务。根据服务的等级决定提供知识和专长的专业人士的范围。一旦聘请了总经理，典型的人员配置包括一名行政主厨、会计、门诊负责人、市场人员、护理员（比较短缺）、社工、营养师、内科医生、护士、理疗师、职业治疗师、药剂师、个人健康辅导师和配合服务人员。人员的招聘、培训和保留对成功的养老地产来说是关键的一方面。

其他就是室内设计、家具、设备和技术。设施的内装部分提供其专家意见以确保"老有所养"能在一个安全、友好和迷人的环境中实现。整合有关家具、装饰和设备的计划、采购、供应、安装活动。管控计划的执行以确保其按时完成并且协调项目的其他要素。需要给予住宅中采用的技术以特别的关注，因为客户和护理人员越来越多地使用新的方法进行健康档案的交流和管理、配药及其他活动，从而提高住户的安全保障和改善整体的顾客服务体验。

节能和针对环境问题更多的关注是新养老社区设计中重要的因素。养老设施中再生、绿色、节水、低碳、节能、通风和室内空气质量都会是重要的考虑因素并包含在我们给客户的建议中。

与潜在客户进行市场沟通并帮助他们决定养老社区规划和服务所带来的价值。根据市场及其容量考虑不同的营销方法，牢记一个满意的客户或一次正面的推荐常常是最好的广告。当准备营销和广告材料时，考虑以如何最好地推广住宅为目的，来取材向目标市场提供信息。潜在住户需要足够的信息来做出知情后的选择，因为不同于护理院，决定是源于需要，对养老社区来说决定是源于选择。往往去了 6~7 次实地查看，老年人才会决定是否入住。

以下是两个案例分享。第一个项目是位于加拿大温哥华的香农橡树（Shannon Oak）老年寓所，于 1963 年开发的很老的项目，业主（非盈利机构）在 1963 年从温哥华市获得了一个街区的物业，并在该地块上针对低收入人群开发了两层的自给公寓，价格低廉。2000 年进行了一次市场调研，一期获批建造 105 个单位。在入住前的 11 个月开始预先的市场营销。开盘后第一个月入住率达到 40%，运营的第一年即住满。10 个月内开始盈利。两年后温市批准在一期基础上增加 45 个单位，新增单位在开盘后 5 个月内住满。又两年后该地块上建造了最后一期 60 套一居室的辅助生活公寓。由于此公寓的租金享有政府补贴，因此开业后一个月内即住满。

第二个项目是位于加拿大白石镇（White Rock）摩根高地（Morgan Heights）的老年寓所。116 个床位的综合护理社区和 40 个单位（包括 4 套二居室套房）的辅助生活社区。2008 年开业，这个最佳养老社区座落于苏黎世南部热闹的摩根高地中心区域，距离新的购物村、获奖的高尔夫场和众多的学校仅数分钟路程。那为什么我要特别指出学校呢，因为温哥华有不少养老地产都是座落在学校区域边，老年人喜欢看到孩子和年轻人，这样他们觉得自己又有活力了。

严峻先生

商业建筑的新型模式

崇邦地产 严峻

如今电商的消费已成为年轻一代生活的一部分。目前综合体商业项目铺天盖地，相互竞争日趋激烈，同质化现象严重。由于大量市中心人口的外搬及市中心房价的高昂，轨道交通的快速发展使得商业项目运营由外环至中环到内环的递减，除了长假，尤其在周末时段，住在郊区的市民很少会再进入市区内环做一般的购物，基本消费也在居家附近或轨道交通能直达的商业体内完成。所以区域位置的优势（人口数量、质量，交通的便利）成为一个项目成功运营的首要条件、必要条件。

那新一代商业项目如何来吸引客户，我们想到的唯一方式就是通过体验式设计。比较普遍的是娱乐设施、KTV、儿童游乐设施等方式，除此以外具体还可以从文化、生态、旅游和科技方面具体实施。但达到这四方面的结果其实也是相互共赢的。近期我们可看到上海环贸 IAPM、静安嘉里中心二期、月星环球港、淮海路 K11 和北京的芳草地。而这五个项目当中有四个是港资和台资的，其中唯有月星环球港为内资，所以港台资成熟的运营经验加上强大的招商能力，以及对地块及其周边的深入了解和发展的前瞻性，给于项目本身很大的竞争力和生命力，对内资的商业造成了很大的冲击。

具体来说，文化已成为目前最新商业项目运营中的亮点，而如何有机结合还需不断探索。例如，K11 拥有部分定期举办展览的地下艺术空间，将艺术典藏融合进商业空间；环球港在顶层有画廊、专题展示区和多功能演讲厅；北京的芳草地类似放大版的 K11，拥有画廊、沙龙和艺术品展示部分。

旅游部分来说是考虑如何挖掘游客资源，使商业项目本身不仅仅是个商业体，更是个旅游休闲的好去处，成为地标与景观。基础是项目用地需交通便捷、旅客资源丰富以及周围配套成熟，吸引部分游客的购买力与关注。

而生态部分就结合了绿色建筑的概念，保持建筑的绿化环保，可以通过绿化墙、屋顶花园、自然采光顶等措施。类似 K11、六本木的体验式农庄概念，做到在家中电商购物过程中无法完成的体验式，并且对商家来说也是一种回报性的尝试。

关于科技部分，当然是体系化的客户体验，包括触摸屏、无线网络、标识系统等。

在其他方面，超市有从大型超市转变为生活类超市的趋势；行政类功能加入商场（类似签证中心等）；零售档次将高档与中档定位概念模糊而全覆盖；均设置电影院；在特定地点的项目延长营业时间；减少目前电商已占优势的业态（家电类超市等）。

8. 【讨论板块】建筑改变城市

非常难得有这样的机会请到各位行业代表来对于“建筑改变城市”这一话题进行探讨，刚才已谈到很多包括养老和商业模式相关的话题，希望各位聊聊从这些改变带来的挑战所引发出的认识。

徐洁：

中国有很大的市场和需求。我所知道的美国养老体系，一般美国已婚人士会在40-45岁时购买一份养老基金，为未来中老年生活作准备。在中国目前的问题是如何把国外的经验很好引进。现在学习较多亚洲的养老模式，例如日本、台湾，由于地域文化圈子的相近，发展的路径也类似。其实刚才姚伟毅先生也提到，老年人内心真正是想生活得有活力，有生命力地走完人生最后一程。

王鑫：

那顺着养老模式的话题继续说开，美国的养老地产，类似乡村的度假体系以及城市养老体系实际上已经成为中国未来养老地产的雏形。当今养老体系的发展也形成了多元化的道路。中国人喜欢居家式的养老模式（离儿女朋友近些），我曾经针对“中国什么样的人能接受养老地产模式”做过市场调研，结果是那些拥有西方生活背景或有良好海外教育背景的人才愿意接受养老地产模式。

外国人非常喜欢的模式可概括为“老有所养”，而中国人在之后增加了一句“老有所为”，那如何做到使中国的老年人“老有所为”？

北京太阳城项目中曾经开设老年大学，我们的初衷是以补贴的形式来做这件事，但后来发现这些老年学生间自发地就可以把这个平台完全搭建起来，导致最后我们的教室等场地资源完全不足以配合。但是中国养老地产的问题在于如何让老年人放弃原来的居所，怎么让他们安心生活到你这里。

现在国家房地产的限购政策，导致我们曾经试图使用的“置换”等模式无法实现。回顾到2006年，房地产没有限购，房价还未激增，养老地产的投资转化还是有益的。独生子女的问题，“4-2-1”家庭结构使得子女已经无法承担养老责任。养老地产首先要依托养老服务机构，在医疗体系中养老地产也是很多地产商所无法逾越的鸿沟，怎么在你的社区里能有类似加拿大、美国一样的医疗支持？

我们曾经花费5年半的时间才实现将北京的一家知名三级甲等医院在养老地产内设立分院，但是由于无法纳入医保体系，致使每年赔付亏损达到每年近一千万。

关于前面提到的养老地产与选址的关系，我的看法是“以城市为中心，一小时车程范围内，有良好空气以及人文背景的地点”，这些地点满足城市配套，有一定支撑和服务体系。老人的子女能比较快捷地到达老人住所。

养老模式的真谛是什么，我认为就是：“快乐，慢生活！”

张天文：

我们所谓的“养老地产”其实就是“医疗简化，居家养老”。现状是医疗简化但不能纳入医保，在财务上无法衔接，投资主体多元化与国家部分政策又存在冲突。我们也要考虑养老地产接受人群的问题，的确是与中国传统养老思想的矛盾。要明确“谁体验，谁生活，谁掏钱”的问题。

另一方面，现在国内养老简单分为能自理、半自理和不自理三部分，从商业回报上来看，开发商更希望针对操作相对比较简单的半自理和不自理的人群来做，对于设计的需求就更少了，而全自理老年人群需求则相对多样化。

周校纲：

由于国家几十年的计划生育政策，有这么多“4-2-1”家庭的形成，未来养老产业是势在必行的，我们要尽快解决的是养老观念的问题。

那我由养老地产的话题发散出去，说到绿色建筑、生态建筑，这与养老地产有相似的观念问题，最近几年我做商业地产也遇到一些项目硬性要求是要达到国家绿色二星、三星标准，要获金奖、银奖等要求，例如在写字楼中设置给员工、高管更衣和洗浴的空间，实际是为鼓励员工跑步或骑车来上班而设立的设施。但目前中国人价值观的现状还处于物质追求的层面，看到很多企业高管大腹便便的亚健康状态，这样的实现所谓绿色建筑的具体设施其实根本没有发挥

讨论板块

嘉宾发言

用处，反观是一种浪费。这依然还是观念的问题。

严峻：

今天的话题是关于“养老”和“商业”，我个人还是认为“养老”的话题更具公益性，并且养老对每个人的切身利益都是相关的。我个人认为养老地产的模式不同于传统思维中风烛残年才会接触到的，到了我这代还是值得考虑的。内心依然有个疑问：养老地产到底是怎样的？但很明显的是，养老地产的模式选择正确了，这就是一个商机，就像加拿大狮门养老公司那样，如果有些比较成熟和成功的产品出现，经过体验必然会打开市场，取得成功。

姚伟毅：

事实上我刚才没有提到的一点，就是“日托”。座落在温哥华市中心唐人街的“李国贤护理安老院”是有日托服务。老人早晨去，开始交流活动，晚上则回家。即便像在加拿大这样养老体系成熟的国家，我相信老人主要居住的地方依然是自己的家。加拿大人自己意识到在房产方面上，40-50 岁购置的可能是自己最后的一套定居房产，就会考虑到我老了以后是否还能居住在此，是不是到了 70 岁才突然发现由于身体机能下降，自己便根本没办法继续在这里生活：上下楼梯产生困难；增加电动楼梯升降机但楼梯宽度不够；我的浴缸很难迈进去等等的问题。

如果是一个成熟的养老社区，就必须具备辅助生活和住家综合护理的能力。可能老人一开始入住时是能够独立生活的公寓，但是过几年老年人生活自理能力下降了，最好不要搬到别的地方，在同一个社区就可以享受到好的辅助生活。如果失去行动能力了，也能在同一个社区享受到 24 小时的看护。所以如果当今的养老服务就只针对没有行为能力和自理能力的老年人，那的确不是我们应该看到的，因为去建设和运营一个单单完全失去行为能力的综合护理社区是一个很吃力的事。再加上大环境大气候没有成熟到支持这样的事，所以单独抛开国家的政策和环境去谈什么样的建筑适合养老其实是一件很困难的事。

李瑶：

或许养老地产也会以中国东方哲学中庸的方式去“组合”，不是单纯的模式。

那让我们从一个难以捉摸的、需要更多实践的话题转回可操作的方向，从未来商业的发展谈谈商业建筑的未来趋势。

周校纲：

城市化的潮流带来很多新区战略，但是很多所谓“新区战略”我们去现场看，是十分失望的，至少我接触到有些在三线以下的城市居然要建造所谓的“环球金融中心”，单纯地考虑盈利和拉动内需，完全不考虑去化率和可持续性发展，简直令人乍舌。

张天文：

网上公布的消息称，中国有 183 个城市是有计划打造成国际化大都市的，可惜全世界的国际化大都市加起来也没这么多。我们从商业的核心本质来说，是需要降低交易成本，提高交易效率。当有经济泡沫出现了之后，资产估值还是高的，但我们就该想泡沫消失了之后我们该怎么办？当资产估值降低之后，就是为下一次的繁荣奠定基础，当然中间会有很大一部分“死掉”，我们依然不能忽视那些有潜力的优质项目，对此，我们不应过分担心。从历史上来说，除了不可理喻的“郁金香泡沫”外，类似“铁路泡沫”、“高科技泡沫”都为泡沫破裂以后的大发展留下了很好的物质基础。所以从国家层面来说，有“泡沫”不全都是坏事。

那我们再来说说电商这回事，现在一直在说我们面临着电商很多的挑战，但是实体商业有很多电商不可比拟的优势，比如现在大家都朝着国际化大都市发展，都要打造城市综合体、商业综合体，商业的门槛和配置都越来越高，几乎商业项目都会有电影院之类的附属服务。另外，零售和电商都在线上线下做互动，通过媒体达到联合推广目的，这对新型商业也是一种新的发展机遇。

王鑫：

其实我一直百思不得其解，中国为什么会有这么多商业地产？商业地产真正的目的是什么？我们真的需要这么多吗？中国的农村与国外的农村状况差距甚远。大城市建设的硬件设施几乎没有差别，但是新农村建设需要什么样的商业来支撑未来中国经济的发展？这对于每个人都是抛砖引玉的一个问题。

严峻：

商业地产的泡沫对于你们设计者来说是个利好消息，如果把泡沫都挤掉了，可能未来你们更多能做的就是一些改造类项目。

姚伟毅：

任何一个外国人在讨论中国养老地产时都是两眼放光的，因为前景无穷大。我只能用“拭目以待”四个字来形容了。

杜志衡先生

9.

建筑之光

上海路盛德照明工程设计有限公司 杜志衡

今年过节的时候我去了东南亚一个由警察局改造成的、只有 9 个房间的精品酒店。这个酒店位于文化气息比较强的地域，面靠大海，视线可以看得很远的。在空间里面去做的灯光会相对比较柔和，比较温暖，就可能跟商业或是一些商务型的酒店里面的一些处理会不一样。其实这个也是讲到我们选择性的处理手法。

他们的餐厅原本就是一个阳台，然后就改造成一个餐厅。该亮的地方也有很多的重点照明，有很多的背景应该有强调的灯光。可是那天吃饭的时候我们还是选择了去了没有灯在外面的阳台。我想说的就是原来在什么空间里面需要什么样的一个灯光的设计去映衬，不一定说我们在这个西餐厅里面我们一定做一些重点照明在桌子上，把背景打亮，把一些应该照亮的地方照亮就可以，就等于是一些好的设计。从这个经历我感觉到灯光设计还是要以人为本，知道我们需求的一个环境是什么。其实那天去吃饭，需要的是一个比较安静、希望视线能基本看清就足矣的地方，所以我们就坐在外面。

现在我们做的一些设计，单方面的沟通比较多，比较少的是双方面、三方面的沟通。包括室内设计、建筑设计管理方，以及灯光设计几个协同方面，都需要很透彻地去了解到以后的运营是怎么样的，来的客人的需求是怎么样的，也不能只是把空间或室内的地方做得很死板，没有说一个很模块的 A 套、B 套的规矩，还是需要比较多地去沟通，才有一些比较适合当时当地情况的设计。

灯光设计本身，除了灯光还有灯具，本身的布局也是一个风格。

当我们在设计上海浦东喜马拉雅商业空间灯光时，考虑到整个走道是比较直的长方形走道，我们就想：如果我们用长条形的灯具的话有没有可能给到一个比较长的走道一些节奏感？为了打破沉闷的排列，我们也试着去把灯具有一些节奏地摆一些小小的角度。我们也可以根据天花上的线条去把正方形的灯具以不规则的布局方式布上去，让整个走道在天花方面看起来有活力！

在另一个剧场项目中运用了 12 个六角形组合的特色天花。在其中大约四分之一模块中装了 LED 的光源来丰富视觉。当然这些设计也不仅仅是我们灯光设计师本身能想得出来的，也是和建筑师和业主方一起配合才能做出这个比较有特色的天花。

各个设计单位之间如果能很深入，很融洽地一起去合作，我们将朝着打造精品和特色的空间这个目标共同迈进！

10.

中东结构战场的中国面孔

上海易赞建筑设计工程有限公司 徐朔明

谈到中东，关键词就是“遥远”和“战乱”。从天时来看，两伊战争发生在 20 世纪 80 年代，整整打了 8 年，8 年后握手言和的和平时光很短暂，1991 年的海湾战争使中东这个地方满目苍夷，不仅把当地现存的建筑摧毁，而且在心灵上给当地的人民造成了难以磨灭的伤痕。到了 2006 年时，经历了十多年的战乱建设停滞期，当地对基本建设和建筑的需求量是非常大的。

在蔚蓝海的波斯湾南面有 6 个小国家，其中有名的三个国家和城市是：科威特、卡塔尔多哈和阿联酋迪拜。

这三个国家是海湾的新兴国家，特点都是处于沙漠之中，自然环境恶劣，劳动力特别稀少！中国在中东地区有非常好的政治和经济的背景。在这种情况下，我们怎么样用我们的资源、技术和人力去获得那边的石油财富，就是放在我们眼前的课题。

/2006

2006 年的亚奥理事会综合项目位于科威特城的莎拉米娅地区，是一个 13 万 m^2 的商业、办公和酒店综合体，地理位置极佳。大楼面临两边的海洋，一旦落成，有些办公室的位置可以在两边的窗户上同时出现海景，景观效果颇佳！两栋 134m 的超高层被称为“双子塔楼”，拥有希尔顿酒店以及商业裙房。针对这个项目，我们做了数字化的模型以及截取大楼部分的实体模型，经过计算后确保符合规范要求。

在沙漠中的基坑维护方式比中国简单，只用了木板和两道槽钢，再用锚杆锚到沙土里面；重型卡车来回经过的坡道两边，沙土却屹立不倒，当地的地基承载力很强，达到 400 兆帕，是上海的 5 倍！所以经过验算，常规认识中建造超高层大楼需要打桩的步骤也完全取消了，为业主节省了一大笔费用！

由于当地气候的影响，当温度超过32℃时就需要在拌混凝土的过程中增加冰块。以前模板工程中大量使用的是德国道卡，造价较贵，现逐渐转用中国的钢板做的模板。混凝土施工的主力则是印巴的劳工。钢结构施工主要是我们输出过去的中国技工。

研究、熟悉中东地区的工程实际情况；掌握当地的结构设计参数；了解当地工程建设的组织构架、规则流程；将中国结构规范、设计软件、建设标准等应用到当地的实际工程中；设计成果和来往文件均采用中、英双语；设计和施工实现异地协同；在八千里外24小时内解决问题，实现“零”的突破！完成了第一阶段的战略目标。

/2009

离开了科威特，我们来到了卡塔尔，卡塔尔首都多哈的海岸线十分美丽，也有人工景观相结合。

2009年设计的卡塔尔多哈城市大楼位于CBD地区，相当于上海的陆家嘴地区。原本的建筑方案把楼梯井分散在两侧，对建筑和结构不利，于是我们结构方提出了改进方案，把电梯井、管道井等整合。通过数据对比可见，我们优化后的方案每层的建筑面积都增加了25m^2，业主方在原来的基础上增加了一层楼的可出租面积。这个项目等于由结构师把建筑布置进行了优化改进。

徐朔明先生

在这个项目中，我们与中东建筑设计公司ACE展开合作，并取得认可；介入建筑方案调整，体现结构设计价值；采用中国规范进行设计，并用BS规范（英国规范）进行验算校核；针对不同规范采用不同计算软件，并对其差异进行比较和解释。完成了第二阶段的战略目标。

由于这个工程的成功，业主把他哥哥的项目也介绍给我们，新项目与卡塔尔多哈城市大楼仅相距300m，建设条件也相似。建筑造型较为特殊，呈现曲线形态，所以当地建筑设计团队CEG也觉得很棘手。

就这样，我们实现了从“自荐”到“推荐”；受邀与中东建筑设计公司CEG展开合作，并取得成功；采用BS规范进行设计，并采用中国规范进行内部复核；主要采用ETABS软件进行设计；设计成果和来往文件主要采用英语，代表着我们已经走出国门、走向世界。完成了第三阶段的战略目标。

/2010

有了以上两个工程的基础，在2010年当地非常有名的AED王室设计公司也邀请我们参加一些非常具有阿拉伯特色的项目——卡塔尔多哈海湾商场。考虑到当地的地理环境所能导致的伸缩缝，我们把建筑分成了29个分区，我们找到了相同共性的分区，总结出了4种分区研究：普通区、大跨桁架方案、影院区、增加钢柱方案。并且比较了不同结构方案的用钢量。

我们受邀参加钢结构分包投标，并获得技术标第1名（由当地著名建筑设计院AEB评标）；投标方案文件依照国际规范及卡塔尔当地技术要求进行制作；在确保结构安全、满足规范要求的基础上，以经济性为主要设计目标，这也是观念上的大转变。完成了第四阶段的战略目标。

/2011

2011年，我们前往了阿联酋的阿布扎比和迪拜。阿布扎比的水网错综复杂，有“东方威尼斯”的美誉。第一个考察的是阿布扎比新机场，整个体量非常大，形态与稻草人相似，占地8万m^2，用钢量在1.3万t。由于这个项目的结构设计异常庞大与复杂，我们知难而退。第二站来到了阿布扎比新体育馆考察，这是一个造型较为简洁大方但又不失宏伟的建筑。

之后我们前往了迪拜机场A380机库，机库现有5个，现需要另外增加4个机库。顶棚采用了特殊帆布的防火卷帘，“钢铁丛林”的屋面桁架结构，用钢量非常大。经过计算得出建造一个机库需要1400t的用钢量，共5600t。当地相关机构希望我们把用钢量控制在4000t之内，几乎要压缩30%的目标，我们认为目前来说无法完成，所以此次阿联酋之行我们可以说是无功而返。

但是也让我们了解了当地工程情况现状，积累一定经历：阿联酋公建项目体量大、技术难度高；设计工期紧、质量和经济性要求高；国际化程度高、竞争激烈、对手强大。

/2012

于是在2012年，我们还是重返了科威特，直奔科威特机场，这个老航站楼是在1970年代由日本建筑师丹下健三设计的。现在在附近建造机场的二期建筑，由于体量庞大，被伸缩缝切割成7~8个分区。针对这个建筑也做了ETABS结构模型，方案由黎巴嫩的Daral-handasah设计公司设计。项目特殊的需求则是需要设计较少应用到的“蜂窝梁结构”，我们研究了各方面的技术文件，设计出了一个有圆心孔的蜂窝梁。整个大楼有2500多根蜂窝梁，由于计算工作量的巨大，我们决定自己研发设计系统，要求前处理自动化；设计选型自动化做到适配设计；后处理自动化，即能自动生成文字和图形的计算书及平面图。采用这个系统设计后，能够在40分钟内完成了整个项目约2500根蜂窝梁的设计选型，并且达到了节约用钢量的目标。

经过这个项目，我们完成了政府重要公共建筑的结构设计任务；同国际Daral-handasah以及当地SSHi著名建筑设计公司展开合作，并取得认可；全部采用AISC美国规范、ETABS软件、SAP2000软件以及全英文的技术文件；自主研发全自动蜂窝梁设计软件及图文表达方式；在确保结构安全、满足规范要求的基础上，完成比投标报价节约15%用钢量的既定目标。完成了第五阶段的战略目标。

11.

室内设计之模式化

上海高美室内设计有限公司　邱定东

邱定东先生

首先，我想在在座嘉宾中做个调查，有多少人认为室内设计的创新设计是高于模式化设计？我相信很多人都是已经有一个先入为主的观念——创新比较重要。但是模式化设计就是不重要的吗？我认为我们应该摒弃个人绝对英雄主义式的所谓创新！

那何谓模式化设计？首先，设计模式是一套被反复使用、市场多数受众接受、经过分类编目设计经验的总结；其次设计模式是能够服务于大多数需求者、多赢的工程化商业系统模式。

“模式化设计”的生存土壤，在各行各业，现在都出现了模式化的东西。房产开发商为了追求最大化的利益，在刚需主导的市场前提下，在 90% 的项目中都运用标准化的设计产品。狭义上来说，标准化就是模式化，标准化可以缩短开发周期，可以利用已有经验保证开发质量，降低开发成本，最终提高项目收益；广义上来说，创新固然重要，但所有创新研发意义不在于创新本身，而是在于引领模式化的发展及更新，不至于使模式化真正沦为乏味及保守的代名词。

但是模式化设计带来的一个弊端就是对于审美的雷同，那如何解决这个问题呢？当一个标准化的成果形成并变为商品，其实完全可以通过软装饰满足个人的差异化风格需求。如同很多人购买了相同的 IPHONE 手机，经过不同的外壳装饰，几乎都可以变成一部个性化的手机。

住宅模式化可以通过室内软装、家具选择与灯具选择等来打造个性，在装修标准化的产品下展现个人品味。在酒店商业空间模式化设计的部分，虽然每个酒店空间尺度不同，但依然也存在模式化设计于其中。家具选型材质运用、色彩搭配上来说都拥有相似的格调，而酒店运营商就是希望在同一时期、不同地点建造的酒店能展现统一的品牌形象，达到可辨识性。

所以作为服务于市场的绝大部分设计企业或设计个人应该合理模式化、正视模式化、创新模式化。崇尚创新，但反对绝对之创新的个人英雄主义。

12. 建筑幕墙和BIM应用之上海中心

创羿（中国）建筑工程咨询有限公司　尹佳

BIM在当今建筑工程上可以算是比较热门的概念，BIM——Building Information Modeling建筑信息模型，也可以说Building Information Management，“B”是针对建筑行业，最重要的其实就是“IM”的部分，即“信息模型”，当今也有HIM——健康信息模型等等。

我们的设计团队则是与项目公司的设计部进行对接和信息交流。现在部分项目可能存在独立的第三方BIM顾问，会整合设计团队相关的信息形成数据基础，包括前期图纸阶段大量的信息，通过一定的算法和逻辑关系组成递交业主方不同部门所需要的不同报告。从该技术角度来说，操作流程是被拉长了，时间上有所投入，但是就是因为有BIM顾问团队的存在，能在某些层面上解决业主和建筑师在前期设计导致的疏忽和问题，这是现阶段以我的经验所看到的的模式之一！但不可否认的是，BIM没有解决设计部门的设计强度的问题。设计各部门可以根据自己的需求和特殊要求在BIM的技术上得到他们想要的信息数据的工作模式，我所看到的BIM也是未来比较重要的发展方向。

反过来说，BIM是什么？其实BIM就是通过某种工具在建筑信息上的应用，就如同当年我们在学校里学习制图软件一样。从我个人的观点来看，我也认为这种独立于设计团队的所谓第三方BIM顾问的形式，现在似乎是有市场和前景。当发展到一定时期，在设计阶段就不存在从图纸到BIM，再从BIM到后期的过程，而是一开始就在BIM的平台上，那时BIM团队存在的形式本身就是一个值得思考的问题。我个人认为所有的BIM都会结合在各个专业中，就如徐朔明先生前面所描述的自动出图、蜂窝梁优化来说就是很好的BIM应用，解决了在钢结构在出图上的问题。当各专业结合了BIM技术之后，BIM本身需要的就是一个行业标准化，而如何标准化也是国家当前在探索的。

尹佳先生

我们用什么方式提取资料取决于客户的需求，成本部门关注的是用量、每平方的相关指标；工程部门关注的是构件种类和类型是否太多而导致降低效率；管理决策层关注的可能是对于项目本身例如去化率的影响……最后BIM形成的庞大数据必然会面临一个问题就是需要一个怎样的组织和逻辑去排列形成客户所需要的报告和分析出的结果。BIM的信息化和可视化在我们设计过程中就已经开始参数化。如果没有很好的参数化约束的框架将数据限定和组织，BIM在未来的应用将会受到限制。

BIM技术可以架构在三个不同的平台上：开发商平台——独立性和数据可信度较高；设计平台——有效性较高；总包层面——执行性与模型本身发挥的价值配合度高。上海中心项目就是在总包平台上应用的很好的例子。

得益于一开始就引入了参数化概念，上海中心的幕墙创建过程本身就得到了非常大的帮助。建筑师最初在45m的标高处有三角形的基准平面，在三分之一的位置是处于46等分的情况，所以整个平面是144等分。在高度方向会得出一个由函数所控制的旋转变量，同时也有一个缩放变量，所以建筑的外形已经被数学函数控制住了，此时不管设计上怎么调整，就只要调整对应的函数关系就能生成大楼的外轮廓。由于上海中心是双层幕墙体系，内层幕墙也是122等分的形式。这个过程并不像常规利用AUTOCAD的软件一层层画出来，而是演变成了一种编程程序。

所有BIM的工作都会需要一个平台，但是从我的角度上来说世界上没有一个万能的平台，我们需要找到合适有效的工作模式，使软件为我所用。世界上不存在万能的软件，小型化和轻量化是一种趋势，核心的数据得益于BIM的发展有了IFC格式的文件，使得核心关键的数据能在不同的软件中传递和保留。上海中心的外层幕玻璃墙板块共超过20000块，如果按照每人每天完成3板块加工实体模型创建（已经是非常快的速度），10人规模的团队需要6百多天才能完成所有外层幕墙玻璃板块加工图的模型创建。我们用辩证的手段来完成上海中心型材的切割关系，BIM加工出的模型能直接对接CNC加工中心进行无纸化加工。

同时，BIM还能与现场的实施互动起来，做到安装的模拟和参数化的误差控制，那这是更具参数化后生成的两个板块，当板块根据轮廓线生成之后，就能随着轮廓线的变化而变化，所以不管现场的安装偏差有多少，板块本身也能智能地随时产生对应的调整。上海中心一层共144个板块，最快的时候两天完成一层，这都是得益于BIM在细节上的应用。

正常来说，钢结构所有的安装、加工都会在出厂之前在工厂拼一个大样的预拼装，需要吊机、时间、人工和场地去完成，但上海中心全部依靠信息化模型预拼装，当钢结构节点制造出之后用扫描的方式将对应的控制点检测是否准确，来确保自后施工拼装时的杆件是否能达到预定理论位置。所以由测量人员去测量构件进行数据化扫描，在电脑里进行预拼装，更加安全。整个上海中心在钢结构上节省的费用结算下来已经达到一亿六千万。BIM的介入也使得相关人员了解关键工况，及时调整计划。

关于管理，上海中心所有的构件都使用了二维码加密处理形成了构件唯一的身份证，在将来运行维护的过程中，可以提取出相关属性。

【引子】

央视方案自公布之就后引起了从学者、专家到民众的广泛讨论，从建筑思维上带来了巨大的冲击。有幸能够作为中方设计团队负责一员，参与到项目的这个过程中，但对于这样一项早已深入个人轨迹的项目一直未有提笔记忆的契机，今年受《创诣》杂志之邀，写下了附记的这篇小文，从一个侧面反映了央视历程的多彩性，回想项目过程的点滴依然是有着满满的记忆。

这个项目的实现得益于建筑技术的发展，中外设计和顾问团队为此提供了极大的保障。以此小文仅作为《十年印象》的引文，也为这十年的经历留下一个小小的墨印。

十年印象

文/李瑶
上海大小建筑设计事务所有限公司

（本文刊登于 2014 年 4 月刊《创诣》杂志）

· 缘初

最初和库哈斯结缘要回溯到 2001 年 12 月，当时我刚刚结束了两年访日建筑师的交流过程，重回设计院接棒央视新台址建设工程主楼项目。作为中方设计代表首次拜访了位于鹿特丹的荷兰大都会建筑事务所总部。

在当时印象中的 OMA 事务所，比较起曾经历过不同事务所的布局风格，依然是独特性的。OMA 选择落户在鹿特丹这个宁静的现代都市来展开对现代建筑思想的追寻，作为一家对传统建筑理论加以颠覆性处理的前卫设计事务所，开放式的空间处理构成了事务所布局主基调。在标准化配置的开放空间中，以项目为基础组成的不同团队组合，讨论和模型区成为间隔这些项目团队的最大标示。设计人员的坐席随项目而调整，成为了这个开放空间中移动的载体。

当央视这个巨构建筑的设计团队落户 OMA 时，位于七层的原有 OMA 所在办公空间已不能承载，大厦的一层及夹层空间马上被征用，加以扩展成为央视设计基地。全开敞的标准化坐席由一面木质墙壁划分出设计空间和模型空间。除了设计空间外，模型制作一直是 OMA 注重的设计研究手段。木质墙体上显眼地张贴着包括中方建筑师成员头像的团队全家福，传达出项目国际化合作背景。开放式的墙面更是项目讨论和过程资料分享的最大信息平台，过程图纸、等比例幕墙划分单元事宜等等内容依次成为张贴主角。有时还会呈现出一幅中国式的大红欢迎横幅，预示着业主的到来和新的一次设计工作站会议的展开。

对于库哈斯和 OMA 的了解，早前更多的来自于《S，M，L，XL》中得到的作品印象，央视的合作过程更丰富了对他理论之外的看法，用全新的空间表达和材质刻画来演绎建筑是 OMA 作品的整体印象。波尔图大剧院的观众流线和曲面的声墙处理、金色的剧院大厅，荷兰驻德使馆的办公流线和悬挑的空中会议室等作品，人员在建筑的动线中成为设计的空间主线，寻常材质的特殊化运用活化了空间中的视觉体验。

· 过程

在我经历和合作过的设计事务所各具有不同的侧重点，作为交流建筑师服务两年的三菱地所设计具有日本建筑独有的追求整体细节和讲求实用合理性的风格，东京大厦和半岛酒店的设计过程仅仅方案阶段就经历了一年的比选和论证过程；英国福斯特事务所则注重建立于技术化的设计创造，在世博阿联酋馆的合作设计过程中将对异型建筑的技术对应发挥到极致；红砖建筑大师博塔以专注的设计精神表达对空间和光线的执着，衡山路十二号项目体现了现代建筑的原点。不同的价值观和文化体系哺育出不同的建筑师。中国建筑师则普遍历练于飞速发展的时代，在铺天盖地的项目中练就了直达目标的捷径思维，习惯于省却过程直达主题，往往忽视了沿途风景的启发性。

OMA 的设计方式是开放和广泛的。在合作中，OMA 给我更多印象的不仅仅是一个建筑设计的工作场所，更是作为库哈斯理论实践的第二课堂。库哈斯和他的设计团队以及实习学生包括我们这些外来的设计者共同分享知识和研讨的过程和成果，通过交流产生新的构想和智慧，发现新的可能性。大量的模型制作运用在研究设计的方向中，各大院校的实习生在 OMA 的起步阶段往往是在模型室中度过。在电脑辅助手段日益成熟化的当下，建筑的思维锻炼最直接的方式依然来自于动手的过程。围绕着项目有着无数的设计会议，老库是这里的舵手，他在不同的方案中追寻最佳的方式。

作为新建筑思潮的领航者，库哈斯带来了对于建筑学的不同思维。基于他从事过记者和编剧等丰富的职业背景，批判性地颠覆了传统的建筑理论，敏锐得将建筑和时代特征加以融合。就个人

央视即景

体会，库哈斯更具有一个建筑政治家的气质，他将最前沿的建筑设计和最具趋势的社会发展联系在一起。每每和业主或我们交谈时，他更关注中国的政治和经济发展的进程，试图从建筑中寻求和城市时代背景对话的方式。设计过程中在北京和鹿特丹有过数度业主设计工作站会议，也正是通过这些会议以及和中国设计团队、国际化顾问团队日常的频繁交流，将一个完全建立于中国文化体系以外的设计作品，承载起中国化的现代传媒功能。

对于建筑和城市的关联，库哈斯推崇一种从社会学的角度加以思考的方式，城市的发展是经济和资本发展的呼应，城市应该从简单重复的几何块体中挣脱出。在新的城市变革中研究价值观的关联，关注新的经济方式和生活方式。央视项目也得以在具有悠久文化传统的城市中，在规划中的核心区域，用一种崭新的方式加入城市的行列。这样的思考和研究使得OMA不仅仅是一个设计机构，更设立了AMO这样的研究机构，从建筑师的角度去研究城市和建筑的关联。

· 构筑

央视大楼设计，以及OMA的康索现代艺术中心、西雅图公共图书馆等一系列作品，不仅仅营造单一空间而设置，同时在研究人类、行动规则以及发展趋势。在东方古国首都的现代化进程初始阶段，为了不被现有纷杂的高层建筑楼宇环境所淹没，创作出一种不再是孤立追求高度而是全新的建筑形式。不受限于高层建筑简单的垂直体系，从项目的功能角度和媒体的产业要求加以分析，用环形构造将不同功能形成了循环布局，交织在空中和地面之间。两个倾斜6° 的塔楼在空中连接一个悬臂组成，围合了一个巨大的视觉空间，也被诠释为媒体之窗。在已有的城市区域规划框架中，构筑了一个全新的城市界面，并随城市的角度不断地变化，传递和积蓄了巨大的能量。

LOOP是这个媒体建筑内部连接的主流线，在巨型建筑中依然保持着对空间的追求。在演播区域中，由250m^{2}至2000m^{2}的不同演播室共享裙房和平台空间；另一部分小型演播室通过立体叠加和办公区域分别在两个塔身中延展；悬挑部分则汇聚成核心办公空间。媒体制作的流线由此用立体建筑的方式联通，同时一条参观流线穿越了这些空间，将媒体的工作场景呈现在每个到访者眼中。

在设计深化过程中，怎么衔接建筑与建造之间、理想和现实之间的距离是团队的最大挑战。在央视项目之前，OMA设计市场多在欧美市场，虽然不乏类似“康索现代艺术中心”这样根植本土文化且展现空间之美的佳作，但对于中国文化、媒体功能以及各项现有规范了解有限。所幸建立在这个中外合作平台上的双方规划者都具有独创性的思维，针对央视这个庞然巨构，一个结合了OMA建筑团队、奥雅纳结构机电顾问、中方设计团队以及来自不同国家的电梯、幕墙、剧场等等顾问的国际化团队架构应运而生。老库努力去追寻相关的传统、文化和需求，从中方合作者去聆听意见和建议。结构团队运用了大量的计算模型和实体抗震台实验复核验证其安全性，将两座高差40m的塔楼连接在一起，从技术角度发起一场对于地心引力的挑战；外表结构网格和建筑表皮采用一体化设计方式，幕墙的菱格并不是简单的美学追求，而是对应了内部的结构体系，菱格的疏密反映了结构受力的重点区域；传统的平面化广电工艺在立体的建构中叠加，平台和裙房提供了足够的延展，集中了主要的大型演播室；塔楼分别为小型演播室和制作机房所用；由两个塔楼汇聚的悬挑顶部成为了主要的管理办公空间，将人员加以转移带来了独特的消防概念；整体而言，CCTV对于建筑技术带来了极大的挑战和革新，通过紧密的团队合作和扎实并创新的设计研究成果来化解挑战。

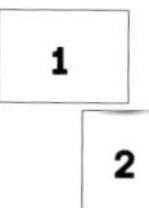

1. 鹿特丹央视设计现场
2. 央视工作站讨论现场

· 中国营造

库哈斯对于中国这一东方国度，就像其在参加央视竞赛时所表露的一直充满了向往，他的研究曾对中国“大跃进”的发展方式表达了足够的兴趣。在央视设计过程中，他越发表达对这块土地的兴趣，足迹遍及北京、上海、广州、深圳等发展前沿，过程中感悟到在大兴土木中对中国自身文化的迷失。

作为一直探究建筑发展的研究者，“原理”成为了由库哈斯担任策展人的 2014 年威尼斯建筑双年展的主题。这不再停留于往届关于建筑师和主题思想的表达，更关注本土化和全球化的关联。用单纯的建筑语言来阐述国家和本土的特征，表达在全球化过程中的迷失和坚持。对于中国这个建立于木构建筑中的文明，OMA 尝试解读营造法式，用对屋顶的解读，尝试从文化、历史、科技等角度理解中国建筑。

· 结语

完成央视的设计配合后和老库见面的机会并不多，2012 年 5 月 16 日央视主楼举行了竣工仪式，是这个项目历经波折后的首次呈现。2013 年 11 月 7 日年度世界超高层建筑奖在芝加哥揭晓那一晚，再次相见库哈斯时，他充满了对于结果的期盼也不无担心美洲和欧洲建筑思维不同对结果的影响。当聚光灯汇聚在央视项目后，老库致辞中也委婉地表达了对高层建筑的想法。“2003 年我出版的书中有一章叫作‘杀死摩天大楼’，基本上表达了对摩天大楼使用和应用类型上的失望。认为摩天大楼本身已经没有那么多的创意了，我试着发起一场战役去对抗平庸和缺乏灵感的样式。但当我站在这个领奖台上，就意味着对摩天大楼的宣战完全失去了意义，我发起的战役彻底的失败了。作为不断尝试使摩天大楼更有意义和意思的团体中的一员，站在这里，我心怀感激，谢谢所有与我合作过的人。”

这就是我对于央视十年设计历程的温馨总结。

文章完稿于2014年2月28日晨
修改于2014年10月6日晚

筑之道

文/ 李瑶

从城市规划学的角度，我们了解的城市就像人体有着脉搏、骨骼和肌理，但往往没有探究其错位后的影响。

当这些历史和现代慢慢积累的城市问题日益堆积后，我们看到的是一个雾霾的城市，也体会了城市生活以及规划和建筑都是这个城市亚健康状态的原由。当梁思成奔走在前线保护住日本的历史文脉——京都和奈良，却阻止不了社会主义建设浪潮对京城格局的翻天的改造。

中国当今建筑建立于苏联式的教育体制和对于西方现代建筑体系的推崇，由于时代的原因，割裂了传统和现代的关联。蔡国强在他的艺术创作中，运用了中国古代发明的利器——火药，来表达对传统艺术手法的再创造；洒脱地用传统表现墨汁塑造的“静墨等来”，表达对时代的关注。建筑师也希望建立起传统和现代的对话。

追根溯源，体现中国建筑智慧，首推《易经》，一个简单的“易”字，点明了变化的无穷性；而“经”则是作为由日常规律推向哲学层面的平台。

“易”有变易——变、化；简易——执简驭繁；不易——相对永恒不变三种含义。

所谓的《易经》，是将宇宙天地万物的自然法则，与人类生活行为合为一体，解释万物无穷变化的哲理。由其所推演的种种道理，尚可运用于许多学术中：命理学、天文学、相学、医学、堪舆学、伦理学、兵法等。

《易经》代表着一种哲学思想，深入下去就会发现内容是多而庞杂。多数人因为其文字过于深奥和晦涩，感觉与现实生活相距甚远。《易经》说：“易简而天下之理得矣。”“易简”为处世至德，反对支离繁琐，反对愈演愈烈，反对把事情复杂化。

当今中国，传统文化、优秀的历史积累和现代建筑设计是部分脱节的，形成了诸多无理可依。普通人所了解的生活风水，息息相关地又演变成某种迷信的行为。而作为当代建筑设计的一员，思考着如何将现代建筑与传统融合。故宫、紫荆城、帝王的陵寝贯彻了古代建筑学的理论。当然和营造法式不同，一个是精神层面的，一个是实施层面的，希望能形成从中国传统建筑环境学的角度去评判现在的生活、建筑设计的规则，变成可沟通的东西和指导性原理。

【案例：杭州阿里巴巴总部建筑】

位于杭州西溪湿地边缘，阿里巴巴总部办公楼“淘宝城”是由日本隈研吾都市建筑设计事务所设计，一、二期总建筑面积约40万m^2，项目可同时容纳20000多人办公。如何处理庞大建筑群与传统之间的关系，如何呼应中国电商巨擘阿里巴巴的管理架构和企业文化问题可见一斑。

建筑设计不应与传统文化相悖，隈研吾的建筑规划设计，是以“龙”的格局作为主导，形成抽象而有机的不规则“龙局”。

【案例：上海中海油总部办公方案】

中海油作为石油钻井相关的企业，其源点是钻井，我们将建筑以围合的形式，中间形成圆形的庭院，呼应了钻井的抽象形式。当然从一般建筑设计的角度去看，并不一定能完全联想到。

离开了建筑哲学，建筑会迷失在建筑风格中。不同于历史时期，现在更多的是从地产开发销售的角度去强迫人们接受建筑风格，那些西班牙风格、英式风格等仿外国风情的建筑层出不穷，可谓是一种变相的“建筑殖民”，很多原因我想可以归咎在缺乏对于城市文化背景、建筑根源的理解，希望通过建筑师自身微薄的力量抛砖引玉，潜移默化地设计出依托文化的建筑。

* 特别鸣谢仇正义老师的指导

海外工程结构设计漫谈

文 / 徐朔明
上海易赞建筑设计工程有限公司

· 背景

目前为止，我们接触到的海外工程，大部分是发展中国家的项目。这些国家本身的工程技术水平并不高，而且往往是一些比较小的国家，各方面的技术资源和工程经验并不丰富。这些国家，由于本身没有条件制订本国的详尽的规范规程，所以，会采用或延用英美规范，甚至于前苏联的规范。这些国家的工程技术人员，在工程结构方面的经验非常有限，对英美规范中有关工程结构设计部分的理解和使用也很局限。以下的叙述和观点，主要基于这样的工程背景。

· 基本点

海外工程结构设计工作中，首先要注意的是设计基本参数与各国规范的匹配性，也就是项目所在地区的风荷载条件、气候条件、地震情况等应该与设计采用的规范相一致。

曾经，我们在设计卡塔尔多哈的城市大厦的时候，依据业主提供的风工程资料进行了结构设计。但是，当我们将设计成果提交当地设计公司进行设计审查的时间，对方提出我们采用的基本风速 28m/s 太小了，应该采用 35m/s。这令我们大吃一惊，因为我们是结合了业主提供的风工程资料和周边工程的具体情况，按中国规范要求取值的。而 35m/s 的风速相当于中国规范中上海地区 500m 高度的风速要求。如果，按照当地设计公司的要求调整基本风速的话，那将引起结构构件的大幅增加，甚至超过合同规定的用钢量要求，对我方和业主方均造成重大损失。在这种情况下，我们咨询了国际著名的风工程研究单位，并结合多哈国际机场的风气候观测资料，得出结论：当地设计公司 35m/s 的风速是按美国规范 3s 时距的阵风风速，换算到中国规范的基本风速为 25m/s，小于我们的设计取值。当地设计公司最终接受了我们的解释，并认可我们的结构设计是安全可靠的。

因此，在海外工程结构设计的时候，首先要搞清楚业主提供的设计基本参数中的基本风速或者地震作用是按哪个国家规范定义的。然后，需要将不同国家的基本风速或地震作用进行换算后，才能用于相关规范的设计。

其次，海外工程结构设计工作要考虑到与当地结构安全度的匹配性。某些工程所在国家的技术水平虽然不高，但比较富裕，当地人民的生活水平比较高。针对这些工程，我们在满足合同约定的前提下，应该尽量提高结构的安全性。例如，在多哈城市大厦的设计中，虽然我们仍采用中国规范为主导，但是将荷载组合的分析系数由 1.2（1.4）调整为 1.4（1.6），与英美规范的安全度看齐。这样的设计方法，也更容易被当地设计审查单位认可和通过。

最后，我们认为，在海外工程结构设计工作中，采用合适的设计工具也非常重要。

国内结构设计的常用软件为 PKPM。PKPM 程序是由中国建筑科学研究院开发的具有完全自主知识产权的国产商业化软件，具有先进的结构分析软件包，容纳了国内最流行的各种计算方法，具有丰富和成熟的结构施工图辅助设计功能，功能十分强大。因此，经过二十多年的发展，PKPM 程序在国内建筑计算机辅助设计领域占据了领导地位，其行业垄断性已与微软公司的视窗系统有异曲同工之妙。PKPM 的权威性可以用一句话概括——“用中国规范设计就离不开 PKPM”；但是“PKPM 也离不开中国”。主要原因有二，一是 PKPM 仅含有中国规范的设计内容，且其输入输出文件种类单一，并采用二进制，开放性很差，其设计过程很难转换到其他国家的规范，其设计结果很难与其他软件（支持其他国家规范）相比较；二是 PKPM 的使用界面及输出文件均仅采用中文表达，离开中文操作系统几乎无法安装。

这种情况，决定了要进行海外工程结构设计工作，就一定需要考虑其他的设计工具。而 ETABS 就是一款较好的能满足此要求的设计软件。

ETABS 程序是由美国 CSI（Computerand Structures Inc.）公司开发研制的房屋建筑结构分析与设计软件。ETABS 程序已有近三十年的发展历史，是美国乃至全球公认的高层结构计算程序，在世界范围内广泛应用，是房屋建筑结构分析与设计软件的业界标准，被公认为高层建筑分析计算的标尺性程序。ETABS 集成了大部分国家和地区的现有结构设计规范，已经贯入的规范包括：UBC94、UBC97、IBC2000、ACI、ASCE（美国规范系列），欧洲规范以及中国规范。可以完成绝大部分国家和地区的结构工程设计工作，实现了精确的计算分析过程和用户可自定义的（选择不同国家和地区）设计规范来进行结构设计工作，同时可以进行多个国家和地区的设计规范设计结果的对比。因此，用一句话概括——“要进行海外工程结构设计工作，就离不开 ETABS”。

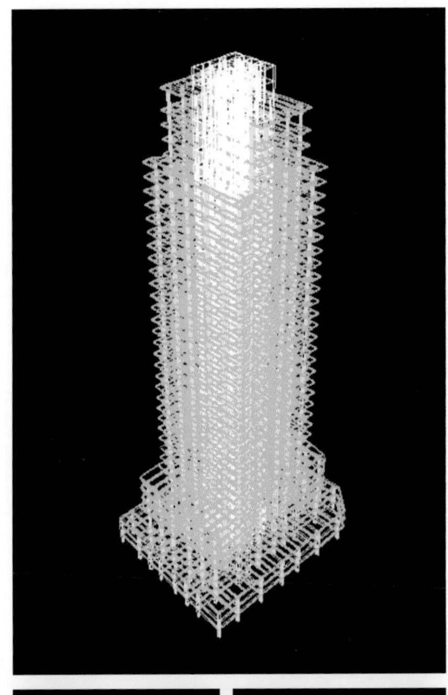

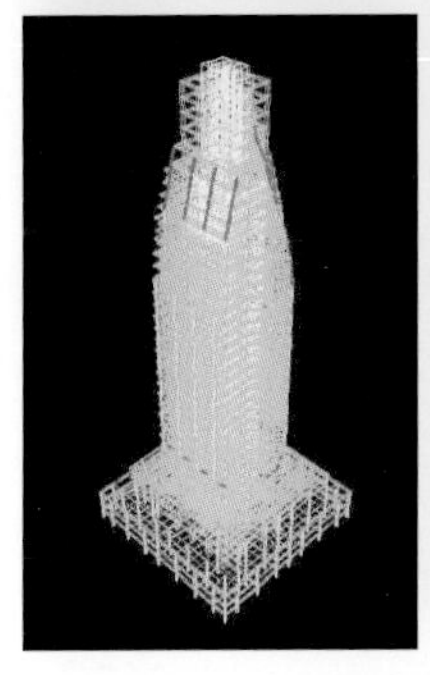

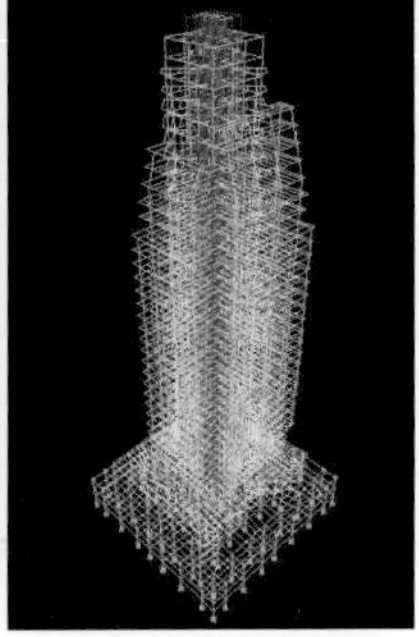

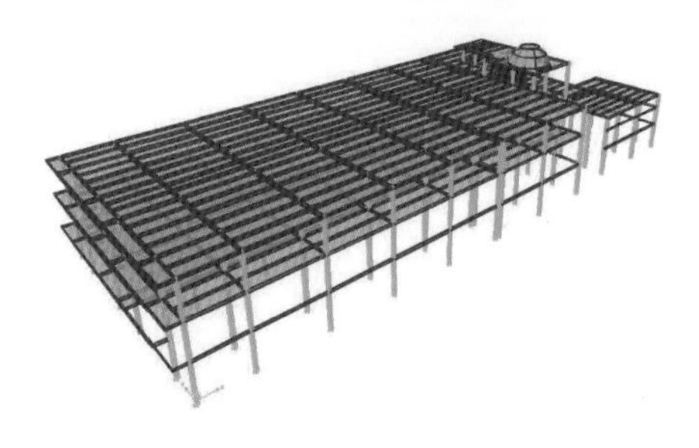

1. 多哈城市大厦设计（PKPM 结构模型）
2. 卡塔尔大厦设计（PKPM 结构模型）
3. 卡塔尔大厦设计（ETABS 结构模型）
4. 卡塔尔展厅设计（ETABS 结构模型）

· 策略

在进行具体的海外工程结构设计工作之前，还制订和采取了必要的策略：

第一步，我们在刚开始设计海外工程的时候，在对当地情况以及英美规范的使用还不熟悉的情况下，仅采用英美规范规定的某些设计基本参数，在对设计参数进行必要转换后，尽可能采用中国规范来进行整个工程结构设计。这样，设计质量和设计进度都比较容易掌控。而且，一旦当地设计审查单位对某些方面提出质疑，我们也有沟通的信心和足够的解释方法和依据。

在多哈城市大厦的设计中，除了风荷载参数和地震参数参考美国 UBC 规范和业主要求外，其他均采用中国规范进行设计。设计计算书由 PKPM 程序生成后，人工翻译成英语提供给业主和当地设计审查单位。在对一些设计问题进行答复和澄清后，就基本通过了当地的设计审查。我们采用 PKPM 软件进行设计的情况，详见图 1。

第二步，在用中国规范设计海外工程并取得成功的基础上，我们考虑中国规范和国际规范并用的可能性。例如，在多哈卡塔尔大厦的设计中，我们采用中国规范和英美规范组成联合规范的方法。在这个工程的设计中，我们在用中国规范设计的过程中，也采用英国 BS 规范的荷载组合分项系数，这样就比较直接地提高了整个建筑结构的安全度。另外，我们在制作 PKPM 结构模型的同时，我们还制作了 ETABS 结构模型。这样，我们一方面可以比较两种结构设计软件在采用中国规范进行设计中的不同；另一方面，还能够通过调整 ETABS 的规范定义来比较同一个工程采用中国规范和采用英美规范的不同。详见图 2、图 3。

由于我们提供的 ETABS 结构模型，能够比较容易地被当地设计审查单位理解并复核，而且，我们的设计在符合中国规范要求的同时，也满足了英国 BS 规范的要求。所以，我们的工程结构设计很容易地通过了当地设计的审查。

通过第一步和第二步的摸索，我们逐步加深了对海外工程结构设计工作的理解和掌握，也增强了采用英美规范进行设计的信心。此时，采用第三步即完全采用英美规范进行工程结构设计的方法，也就水到渠成了。我们在卡塔尔展厅工程的设计中，就完全采用英国 BS 规范进行设计，而且还在满足 BS 规范要求的情况下，对结构构件进行了优化，以最大程度地平衡了结构安全性、业主经济性、规范满足性。详见图 4。

通过以上的“三步走”策略，我们即满足了业主和甲方的合同要求，也安全有效地完成了结构设计工作的转换，避免了不必要的设计风险。可以说，正是“三步走”的策略，保证了我们工程结构设计由国内向海外转换的成功。

· 设计案例

在卡塔尔多哈城市大厦的初步设计中，我们在充分理解建筑设计的意图及不影响建筑使用功能的前提下，尽可能合理布置剪力墙柱，对主要的竖向承重构件的布置做了调整。经过优化后的平面布置不仅取得了建筑师的认可，而且为业主创造了可观的经济效益。

从调整前的结构布置图可以看出：①剪力墙体布置分散、核心筒面积小、抗侧刚度小；②周边柱布置凌乱，梁柱连接混乱，抗侧效率低；③平面开洞位于核心筒外，楼板被割裂成狭长条，平面刚度难以保证；④楼梯间布置不对称，宜造成平面扭转；⑤平面不规整，建筑使用效果差。

经过优化，把散落在上下两侧的楼梯间、管弄井都整合到核心筒中，而周边柱更加规整，角柱面积增加。这些变化，即改善了建筑使用效果，还大大减小了平面扭转，提高了平面刚度，增加了核心筒面积，提高了周边柱的抗倾覆效力，使整体结构的抗侧力效率和安全性产生了质的飞跃。

从城市大厦优化前后标准层面积指标比较表也可以看出，楼层总面积不变，结构面积有所减小，各建筑使用功能的面积均有所增加。

在建筑使用面积增加、使用效果改善、结构构件减少、自重减小、造价降低的情况下，结构性能和安全度却有明显的提高。不得不说，这是一个结构优化设计的成功案例。

可见，结构布置也是一项兼具创造性和艺术性的工作，制作出结构性能优、建筑效果好、经济性高、施工实现方便的优秀的结构布置设计，应该成为每个结构设计人员的追求。

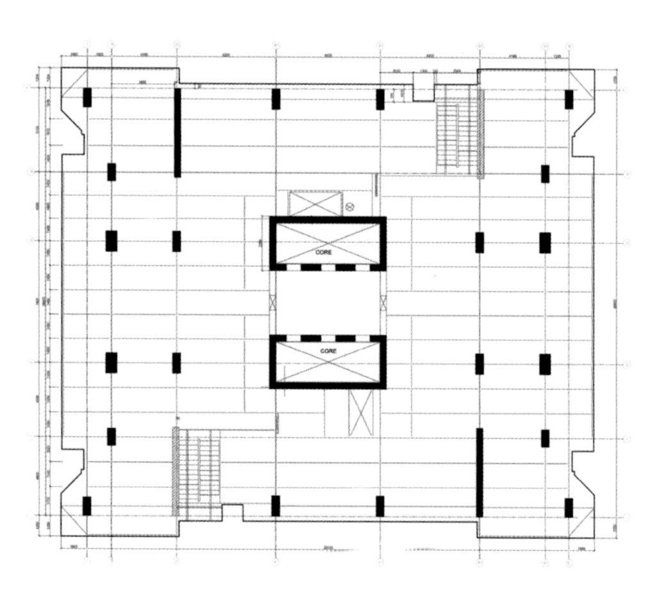

城市大厦调整前的承重结构平面布置图

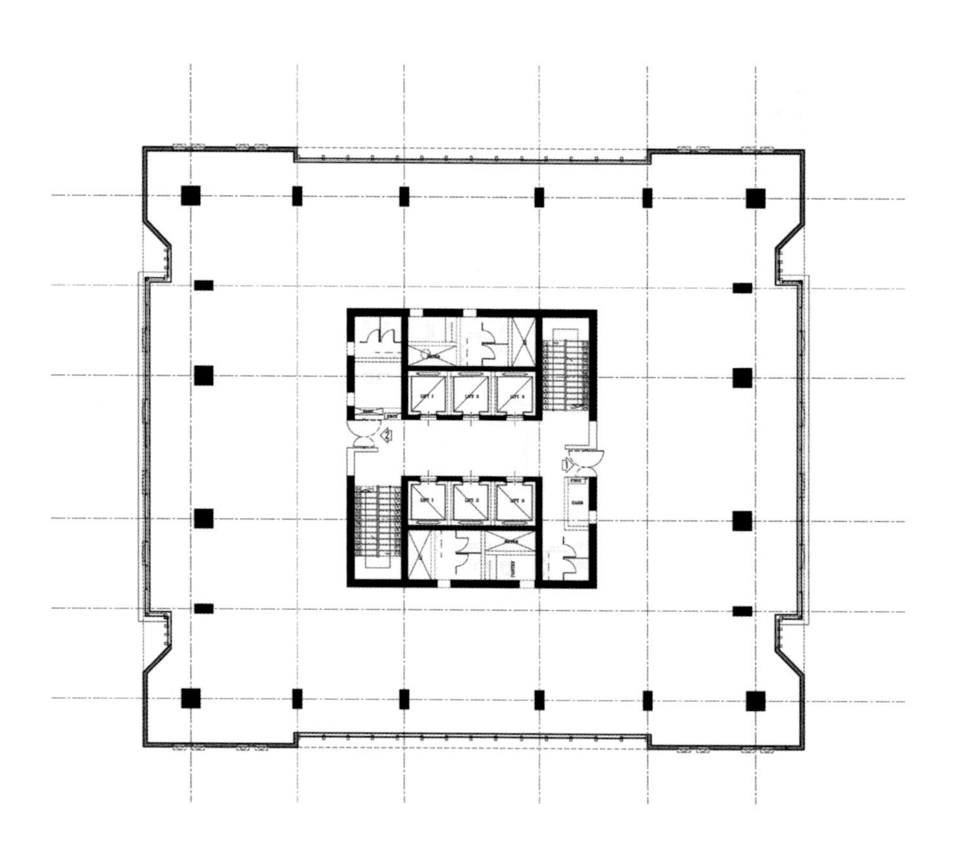

城市大厦调整后的承重结构平面布置图

城市大厦优化前后标准层面积指标比较表

部位	房间功能	调整前			调整后			调整后/调整前
		房间数量	单间面积	面积合计(m^2)	房间数量	单间面积	面积合计(m^2)	
核心筒	电梯	6	4.887	29.322	6	4.887	29.322	1.00
	空调机房	2	3.125	6.250	2	3.188	6.375	1.02
	女厕所	2	6.188	12.376	2	6.425	12.850	1.04
	男厕所	2	2.750	5.500	2	5.875	11.750	2.14
	给排水	2	2.625	5.250	2	2.783	5.565	1.06
	储藏室	2	3.290	6.580	2	3.413	6.825	1.04
	电气机房	1	6.525	6.525	1	6.525	6.525	1.00
	垃圾房	1	1.540	1.540	1	2.420	2.420	1.57
	消防柜	2	0.315	0.630	2	0.315	0.630	1.00
	楼梯间	2	15.719	31.438	2	15.719	31.438	1.00
	其它	1	104.795	104.795	1		108.898	1.04
	合计			178.768			191.160	1.07
结构柱	C1	8	1.210	9.680	8	1.000	8.000	
	C2	4	0.750	3.000	12	0.500	6.000	
	C3	4	1.000	4.000			0.000	
	C4	4	0.800	3.200			0.000	
	C5	4	0.650	2.600			0.000	
	合计			22.480			14.000	0.62
结构墙体		4	2.550	10.200			0.000	0.00
可租赁办公建筑面积		1	814.070	814.070			820.358	1.01
楼层总面积				1025.518			1025.518	1.00

多哈城市大厦

·感悟

在长期的海外工程结构设计工作中，我们也深有一些感想和体会，希望能和大家分享：

（1）在海外工程结构设计工作中，不仅需要读懂图纸，理解英语，理解英美规范的文字表达，更需要对结构设计原理有透彻的理解和掌握。这样，才能看清各国规范的本质，掌握规范转换的关键点，才能对原设计进行安全地优化以满足规范的要求。例如，在卡塔尔展厅设计工作中，我们发现原结构设计有比较严重的问题，尽管当地设计公司也采用国际通用的 ETABS 软件进行设计，而且计算结果看似满足英国 BS 规范的要求。但是，我们分析检查以后，发现由于对方结构模型的参数设置不当，造成设计失败。在我们耐心地向对方解释和澄清以后，当地设计公司终于明白了我方观点的正确性，而且避免了一次由设计错误导致的工程事故。

（2）在海外工程结构设计工作中，不仅要满足结构的安全性要求，还必须考虑建筑的使用要求。在大量的海外工程的结构设计工作中，业主同意采用中国钢材和中国设计的前提条件往往是必须满足原来的建筑设计意图。而且，由于建筑和设备设计由当地设计公司负责，所以我们的工程结构设计工作，必须尽量减少对原建筑和设备设计的影响。这就要求我们的结构设计人员，不仅要读懂建筑和设备的图纸，而且要领会贯通建筑师和设备工程师的意图，甚至要在建筑师之前发现设计的问题。例如，我们在卡塔尔展厅的设计工作中，就提醒建筑师原设计的层高太低，可能不符合业主要求。经过复核，建筑师和业主紧急讨论，采纳了我们的建议及时调整了层高。

（3）在海外工程结构设计工作中，还必须时刻注意工程的经济性要求。由于，海外工程的基础就是涉外合同，而合同中最注重的就是各方的经济利益。所以，我们的海外工程结构设计工作满足经济性要求也就是必须的。往往在招投标阶段，我们就需要根据工程的大致情况，估算出即满足安全性又满足经济性的工程结构用量，为中国企业拿下海外工程创造条件。在海外工程结构设计工作中，我们也必须时刻注意各项经济性指标满足合同的约定，尽可能为工程结构加工制作和安装过程中的顺利履约创造条件。所以说，必须满足经济性要求，是海外工程结构设计工作的一大特点。

像绘画一样描绘景观

文 / 马进
上海迪弗建筑规划设计有限公司

· 有趣的转身

作为建筑师的我，现在常常和人吹嘘本人是“景观设计师中建筑做得最好的，建筑师中景观做得最好的”。转身做景观设计也是有些年头了，时常看到一些建筑项目时还是兴趣盎然、跃跃欲试，但都按捺住了。当自己早些年从事建筑设计时，就认为外部环境与建筑是密不可分的，甚至是相互互动的。日本建筑师黑川纪章提出的“灰空间”，就我们一般人的理解，就是那种半室内、半室外、半封闭、半开敞、半私密、半公共的中介空间。这种特质空间一定程度上抹去了建筑内外部的界限，使两者成为一个有机的整体，空间的连贯消除了内外空间的隔阂，给人一种自然有机的整体的感觉。灰空间的处理和丰富恰恰留给景观设计有无限的可能和施展。怀着对于景观的好奇，开始进行尝试。

景观设计初期的时候还不叫景观设计，往往被称之为室外工程或者绿化工程，并不像现在这么受到重视，加上工程上的不规范，赋予设计师的权限还是非常大的，至少在工期催得很紧的时候，往往业主会委托建筑师帮忙将景观设计一并带掉，这样给我这个景观爱好者的建筑师有机可趁。就像古代工匠在制作自己的作品时会偷偷将自己签名藏在其中一样，我将建筑中未实现的一些想法引入到景观中，很快得到实施，心中充满莫大的满足感。时间久了，发现在空间设计上景观比建筑更容易实施，受到的技术条件的限制也相对较小，对于容易偷懒的我绝对是一种福音，渐渐地走上了一条探索景观设计的不归路。

· 不同的视野

读书的时候老师经常说“建筑是凝固的音乐”，这句话源于黑格尔曾这样提示音乐与建筑的关系：“音乐和建筑最相近，因为像建筑一样，音乐把它的创造放在比例和结构上。”建筑的结构形成于数学和力学的创造，而建筑上的整体美观又与绝对的、简单的，可以认识的数学比例有着密切的关系。所以，所有建筑师都把比例作为建筑形式美的首要原则之一。 建筑是造型艺术的一种，人们是从它的均衡、对称、布局等各种形式中去体验其美感的。而景观设计恰恰又为我们开阔了另外一种视野，景观设计中同样存在着音乐之美，同样的设计手法，景观设计中更能将之付诸实施。

在做建筑的时候往往受到很多限制，诸如建筑功能指标、技术规范或者业主的种种需求，这些都制约着我们对于空间的创造和追求。同时，现代建筑又是一个复杂的综合体，就像上一世纪的建筑大师柯布西耶宣称所谓“住宅是居住的机器”一样，现在哪个建筑中不是有一堆设备在运转和维持建筑良好的被使用？当建筑师为这些技术设备而伤脑筋的时候，景观设计师可以在室外空间自由地发挥自己的想象力。实际上，景观设计的内容正是建筑内部的公共空间在户外的延伸。当前，人们对于户外空间的要求越来越高，景观可以运用建筑手法同时也能将绿化种植引入柔化过硬的设计，从而达到观赏、使用、享受的目的。简单一句话，由于没有那么多制约条件，从设计师的角度来说，景观设计更容易享受设计。

对于外部空间的塑造，建筑师更倾向于钢筋混凝土的模式，而景观设计师愿意充分利用手上一切可利用的材料，特别是植物选配来达到效果。万物的生长带来的是动态向上的能量，你埋下种子，预期未来，是一种让人值得期待的等待，一个持续生长的过程。

· 累并快乐的实践

在项目当中景观设计师更应该具有“工匠精神”，工匠精神是指工匠对自己的产品精雕细琢、精益求精的精神理念。景观设计是一个动态的过程，施工现场无时无刻都会发生意向不到的事情需要解决，需要现场调整。除了在设计初期充分地调研做预案，还得研究土建施工图，尽量减少差错。现场时刻跟进也是必不可少的，到最后的时候，往往景观施工是最后收尾的，很多与土建交叉部位的处理需要快速解决。这样设计师没有一点“工匠精神”是很难支撑下去的。

当今社会心浮气躁，追求“短、平、快”（投资少、周期短、见效快）带来的即时利益，从而忽略了设计的品质灵魂。因此，设计师更需要韧性与坚持，才能在长期的竞争中获得成功。坚持“工匠精神”，依靠信念、信仰，看着设计不断改进、不断完善，最终落成后少些遗憾，这个过程，肉体是痛苦的，但是精神是完完全全的享受，是脱俗的、也是正面积极的。设计师需要有这样的心态，否则艰苦的设计生涯要如何面对？

· 像绘画一样描绘景观

一次工程例会中，业主对着大家说景观种植就像绘画一样，跟着感觉走，现场不时地进行调整、搭配。每天的感觉不同，做出来的东西也有差异。当时一听完蛋了，那不是要改图改死了。回头想想，景观设计的过程不就是这样吗？在大框架树立好的前提下，根据实际情况微调，特别是种植往往施工完以后，还会根据现场效果进行增补，达到最满意的效果。苏州园林是我国古典园林的精髓，虽然面积不大，但采用变换无穷、不拘一格的艺术手法，以中国山水花鸟的情趣，寓唐诗宋词的意境，在有限的空间内点缀假山、树木，安排亭台楼阁、池塘小桥，使苏州园林以景取胜，景因园异，给人以小中见大的艺术效果。景观的营造就是一个意境营造的过程，听上去飘渺，但又是那么实实在在，与植物材料为伍，感受生命的存在，像绘画一样去描绘景观，从中得到乐趣，也让今后使用的人们同样感受到乐趣，快乐的门槛很低，看你自己如何把握。

幕墙语录

创羿（中国）建筑工程咨询有限公司

张杰：

幕墙的“边缘”与“主流”，“简单”与“复杂”。

有的人说幕墙专业很边缘。是的，在整个建筑系统中，它只是一个很小很边缘的学科，“边缘”到各个高校几乎没有这一学科。它即不属于结构，也不属于机械，既与暖通搭边又与声学及采光有关。然而正是这种边缘效应让不同专业在此处产生交集，导致幕墙产生了多样的系统、多样的材料、多样的构造。

有的人说幕墙专业其实很主流。是的，当人们欣赏一栋栋建筑时，其实说的是那层华丽的表皮。在建筑系统中，幕墙具有最外在的表现力，使之能直接呈现于世人，引起关注，并被世人评价，而大多数时候人们很难了解到建筑系统中其他专业的设计。世人的关注与评价当然有利于幕墙的发展，然而只有当“幕墙人”真正主导了幕墙的发展，而非依赖于其他学科的进展，幕墙专业才可能真正从边缘走向主流。而在幕墙领域的研究方向上，走出一条不同的发展之路，将会成为我们对幕墙从“边缘”走向“主流”的贡献。在这条道路上，整个社会将是我们的最大顾主。

有的人说幕墙设计很简单。是的，它没有土建结构的巨大载荷以及复杂的结构体系，也没有机械手表般精密的加工工艺。利用现代的电脑技术，“搭建”起一套幕墙图纸，是多么的快捷容易。

有的人说幕墙设计其实很复杂。是的，设计师往往用尽心机在小小的型材断面上设计出无比复杂的系统，他们试图在小小的断面上隐藏无穷的奥妙——采光、通风、节能、隔音、气密、水密、抗震、防火、防雷、防噪、防腐、维护以及建筑表现等尽在其中。

有的人说幕墙很复杂，但应该做简单的设计。那应该是一种悟道吧，像练武之人到了“手中无剑，心中有剑”的境界，像修佛之人到了“酒肉穿肠过，佛祖心中留”的境界，是一种令人神往的境界。真正能做到“简单设计”的人必然领略到了幕墙的最精髓之处，已经“豁然贯通”，在设计上达到了自由的境界。这是“幕墙人”追求的境界，它有起点，却很难看到终点。

尹佳：

随着年龄的增长，看同一个故事、同一个词语却能带来不同的感受。就如同我现在对于建筑外墙，每年的认识都在不知不觉中发生变化，回首时才发现，现如今我们对建筑外墙的理解与当年施工有着天壤之别。而这种差别还在不停地无时无刻地继续发生着。虽然不知道 10 年以后我对于整个建筑外墙的认识又会是怎样的一番情景。但我用心体会着这些细微的变化以及这些变化在我工作过程中所带来的指导作用，一直到我能完成一份现阶段我所能做到的最理想的成果。

杨自强：

做到自己所能做到的最好，不怕失败最终才能达到成功。

光之感悟

文 / 杜志衡　上海路盛德照明工程设计有限公司

· 我们是灯光设计师，而不是照明设计师。

路盛德是一家非常年轻的灯光设计公司，我们的设计师与同事们都抱着通过更佳的“光”，把事物以更美好的一面表现出来作为工作的宗旨。

灯为实，光乃虚，以有形造无形，用无形善有形，谓灯光设计。

物理世界中，我们手所触、脚能及的一切，皆具其自形与色。我们之能所见其身，全因“光” 这一能量在其表面反射，使其所能被视。

灯具——盛载“光” 的器具，其形式的变化，与其所制的“光” 有着密切的关系。作为灯光设计师，应善用灯具，以设计“光” 。简单而言，灯光设计乃于不同空间，以调整及搭配数个“光” 的基本元素：亮度、色彩、对比、方向、质感、时间，以营造不同的氛围，表现该空间或对象应有的本质，并提升受众在其中的经历，而非单纯的只使事物所能被见。

· 一个灯光设计师的唠叨

给中国市场介绍由照明设计进化灯光设计的这个根本性概念。灯光设计所包含的范畴比照明设计应该大得多，作为灯光设计业的一份子，应清楚及理解到照明设计只为灯光设计的其中一部份：除照明外，灯光设计应将慎重考虑如何将“光” 融合到所设计的空间中。

建筑师塑造空间，室内设计师则在建筑基础上，添加其独特的色彩与材质，灯光设计最后将其赋予光芒。于高水平或专业的项目中，三者应并存、相互依赖并紧紧相扣。当中，灯光设计师如何与建筑师、室内设计师、园景师等的设计团合作，从而在项目中是融合到其他专业中，而不是与其他专业脱钩的。第一步就是将照明设计的概念改革并进化，使灯光设计师于项目中的角色重要性不亚于其他专业。近年基于环保节能的意识日渐成熟，照明 / 灯光成为于项目中的其中一个焦点，而一般业主对照明 / 灯光设计的理解都偏向于较为“工程”方面，而非“人性化 / 美感”方面。以我们的理解，灯光设计应是相面而不是单一的，并应如建筑或室内设计一样，既具“技术性”设计，亦有“美感” 上的设计元素。

· 路盛德灯光设计

灯光设计这一专业，于国内已不是新鲜的事物，更已过了起步的阶段。由于专业自身貌似相对简单，故近年很多由一两人组成的“工作室(DESIGN STUDIO)”纷纷出现。路盛德的成长，也是由两三人的努力开始，经过近十年的努力与经验的积累，演变成今天的这个架构。于规模而言，我们仅属中型的设计灯光公司，但由于路盛德的设计师们，了解到“灯光设计”的独特性，及其于项目中的重要性，于数年前我们锐意将整个灯光设计流程中的所有工作，从概念建立、效果图渲染、动画场景仿真、技术数据分析、图纸制作、规格制定、招标文件制作到现场调试及后期维护训练等，都完全由路盛德的全职成员完成，这亦是我们与其他同侪的主要区别，是这数年来令路盛德能“完整发育成长” 的最正确决定。

展望未来，路盛德团队，会继续以“光”为本，将其融入更多的不同领域与空间，以更多样的形式呈现出来，并使其更具艺术气质，期望能使受众从“需要”照明升华至“享受”光。

共勉之。

室内随谈

文 / 邱定东
上海高美室内设计有限公司

将近 20 年的室内设计从业经验让我非常认同建筑师普拉特纳的一个观点：“室内设计比设计包容这些内部空间的建筑物要困难得多”。不难理解，在室内因为你必须与人有更多的交流，更近距离的接触，对人的生理心理的关注更重要、广泛，如何能使他们感到舒适、和谐，并符合活动的心境，所以要比同结构建筑体系打交道费心得多，也要求设计师有更加综合的知识和训练，更加细致入微的雕琢。这种困难个人有着深切的具体体会，即便已经在行业潜心浸淫近 20 年，积累了丰富的职业生涯经验，有时面对一些特别复杂或问题空间项目，依然感觉很难捕捉到切入点或组织起令人满意的方案脉络，经常需要花费大量的时间和工作进行反复的推敲和否定与自我否定才能厘清思路。

所以，只能粗浅总结一下这么多年对室内设计的理解，认为最重要的当然是——空间内涵，任何时候它对视觉感受都起到决定性作用，通常所说的装饰只是构成空间的物质基础，效果是构成内涵空间的必然结果。这个理解实际上与我国前辈建筑师戴念慈先生的观点“建筑设计的出发点和着眼点是内涵的建筑空间”同出一辙。所以合适的内涵空间的定义是室内设计对建筑设计最好的延续和忠诚。当然，有时也存在建筑师与室内设计师认定的空间内涵有比较大的出入的情况，本人亲身经历的上海衡山路十二号至尊精选酒店项目就是典型案例，当时马里奥 · 博塔作为建筑师要求室内设计风格完全忠实延续建筑外观，了解博塔的设计师都明白他对建筑或室内从来都反对奢华或繁琐，但这与国内目前奢华酒店的价值观相悖，于是在室内方案评审会上与当时炙手可热的 yabu 主创发生强烈意见冲突，双方无法达成一致，最后业主为了尊重双方只能采取折衷办法。

既然说到内涵空间，当然要讲讲室内空间组织和界面处理，这是确定室内环境基本形体和线形的要素。在精神功能作为依据基础上，充分考虑相关的客观环境因素、主观身心感受，对原有建筑设计的意图充分理解，对建筑物的总体布局、功能分析、人流动向以及结构体系等有深入了解后，根据整体需求，对室内空间和平面布置予以完善、调整或再创造。室内界面处理，对室内空间的各个围合——地面、墙面、隔断、顶棚，包括界面的使用功能和特点分析，界面形状、图形线脚、肌理构成的设计，以及界面结构的连接和构造。界面处理不一定要做“加法”。从建筑的使用性质、功能特点和设计风格方面考虑，一些建筑物的结构构件，也可以不加装饰，作为界面处理的手法之一，这正是单纯的装饰和室内设计在设计思路上的不同之处。

陈设就是艺术，陈设就是设计。中国大陆现代室内设计的发展过程基本可以这样来划分阶段：最早是几乎无装修，只有基本装饰，后来发展到重装修，轻装饰，一直到最近又是轻装修，重装饰。当然这样的发展过程完全是以社会物质丰富程度为背景的，再是物质满足后的更高层面的精神需求。由于解放前中国长期被西方国家掠夺和十几年的残酷战争，土地变得一穷二白，物质极度匮乏。当时除了国家重点项目，其他基本属于清水地白粉墙状态，有的也只能靠家具来满足日常功能，填补一下空间，有些对生活情调有追求的才会利用一些植物、布艺、照片等略作布置。改革开放后，人的审美久旱逢甘露，对装修的渴望达到极致，甚至如同暴发户般的心态，到处充斥着木质护壁板、大理石拼花、水晶吊灯、繁琐的天花造型等等，唯有不及，把几乎所有的预算成本花费在装修上面，而忽略了对软装的重视，因此在那个阶段生产了大量的无内涵、无情调、有的只是充斥视觉的堆砌作品。跨入 21 世纪后，软装专业在行业里得到越来越多的关注，到目前为止，基本认为没有软装设计的团队是无法完成设计的，没有软装设计的项目是没有高度的。所以现代的室内设计的工作要远比单纯的装饰广泛得多，是“功能空间形态、工程技术、艺术的相互依存和紧密结合”。如果说国内室内设计水平在初期阶段更多停留在对“形”的塑造和平面化设计上的话，那么现在随着厌倦了传统设计手法和装修技术，要求材质技术和艺术对设计的支持越来越迫切、越来越紧密。比如说当前有代表性的国际设计流派像纽约派的雅布、季裕棠等，在他们的设计作品中，我们看到材质、艺术变为室内设计表达情绪和氛围的主要载体，木质欧美式护墙板、繁琐的天花造型、花哨的石材拼花正变得愈加乏味。西班牙画家毕加索曾经说过“艺术不是进化，而是不断变化”，人居环境价值观的更新和居住周期的更新，促使人们追求风格时尚的激烈性，创造出时代所没有的新东西。

另外，技术的发展带来的当代室内设计的另一显著特点便是科学性与艺术性的审美结合。设计的科学性在带来空间环境功能的合理、舒适、高效、安全的同时，其结构、材料、工艺本身具有的技术美感与设计形式处理产生的艺术美感。共同形成了当代室内设计审美的一个重要特征。从建筑和室内设计发展的历史来看，具有创新风格的兴起，总是和社会人文发展相合相应的。社会生活和科学技术的进步，人们价值观和审美观的改变，促使室内设计必须充分重视并积极运用当代科学技术的成果，包括新型材料结构构成和施工工艺，以及为创造良好光、热环境的设施设备。当代室内设计的科学性，除了在设计观念上需要进一步确立外，在设计方法和表现手段等方面也日益得到重视，设计者已开始认真地以科学来分析确定室内物理和心理环境优劣。计算机精确绘制的非直角形体和空间极为细致真实地表达了室内空间的视觉形象，并把新技术产生的视觉美感展现在我们面前。

一句话，以我个人理解，好的室内设计必须具备独特感官内涵，合理新颖的空间规划、陈设和艺术的人文表达以及新技术科技的运用是组成内涵的三要素。

设计之外

INDUSTRIAL DESIGN

158-165

踏马寻香

【品·牌·介·绍】

大小设计 作为大小建筑的设计品牌
以“微型建筑”的概念
创造建立于建筑而不同于建筑的工业设计产品

设计团队：李瑶 项辰 娄奕琎

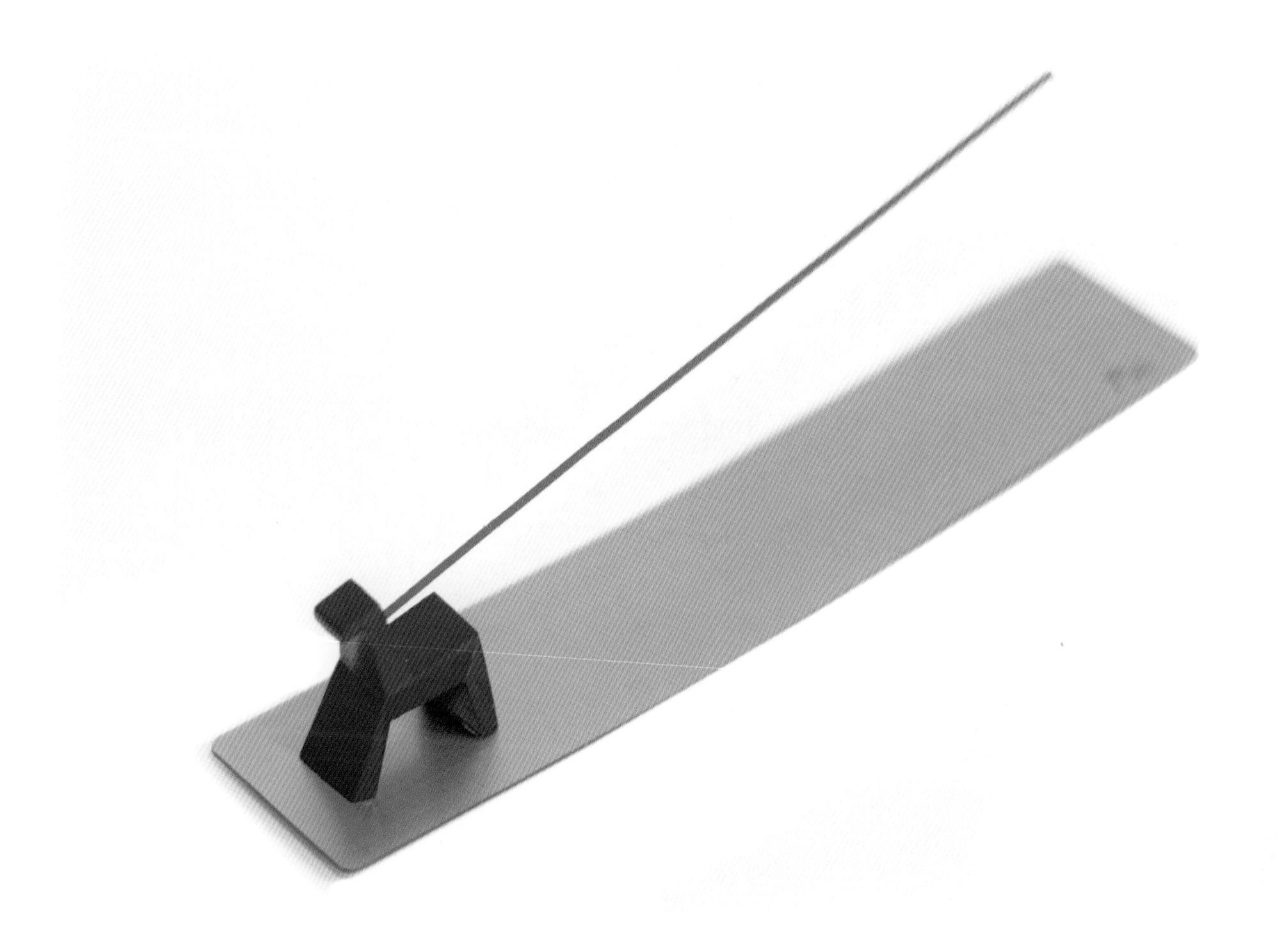

hi' Switch

以开关面板为源点，《OBJEKT 境》杂志携手“施耐德电气”与设计及建筑界的设计师进行充满创见性的对话，李瑶及团队成立小组展开思维的碰撞，将时间作为主题进行创作。

设计团队：李瑶 娄奕琎 张天祺 张依辰

天然

生态 意识

具象 手工

自然元素 直接

灵活 返古

原始

人性化

humanization

hi' SWITCH

Intelligence

智能集成

節能

高端

綠色

數據 簡約

先進

現代 遥控

智能

在这个被集成产品侵袭的时代

人体的感知和记忆已经被人工智能所代替

这款开关面板的设计来自于机械手表的灵感

以呼唤人性触觉的本能

回归传统

回归手动所带来的体验

……

概念 Concept

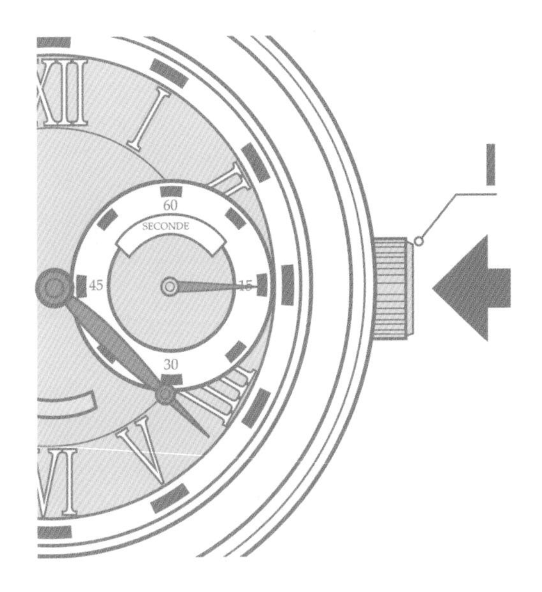

发条 Clockwork spring

手动机械表通常由转动表侧边的齿轮冠，来上紧表内的发条，储备的弹性势能作为能源转变为机械能释放，从而带动轮系转动，并维持振动系统做不衰减的振动，以及带动指针机构或附加机构运动。

A manual mechanical watch usually functions by rotating the gear crown on its body side, by which winding tight the inner clockwork spring where its stored elastic potential energy transforms to mechanical energy. Upon releasing, the transformed energy drives the gear train into revolving and sustains the undamped oscillation activity of the oscillatory system, which drives the pointer mechanism or additional mechanism to work.

日期 Adjusting Date

一般来说，将侧边的齿轮冠轻拉一下，是2档位。向上拧调节星期，向下拧调节日历。一些多功能表还有这不同的调整方式，功能则更为复杂。

Generally, pull the gear crown on its body side slightly and it goes to Gear 2 position. Rotate upward for adjusting weeks and downward for days. Some multi-function watches have different methods in order to adjust and have more complicated functions.

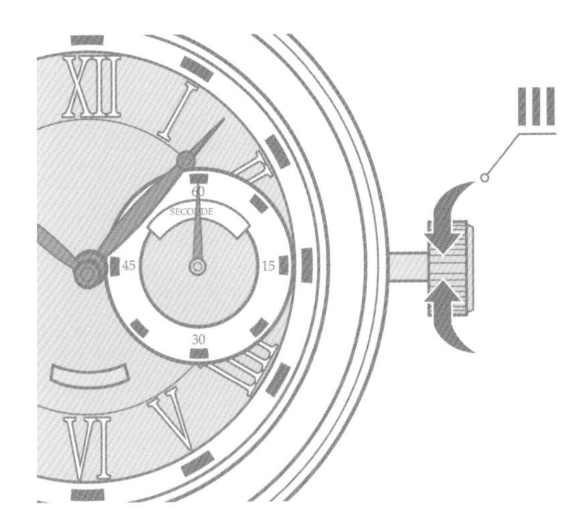

调时 Adjusting Time

钟表最为重要的调时功能，是将齿轮冠再拉一下至3档位，便可以调节时针、分针与秒针。当推回最初的状态，表即能正常运行了。

For this basic function, pull the gear crown on its body side some more to go to Gear 3 position and time can be adjusted. Push it back to the original position and the watch can function as normal.

有关设计
About Design

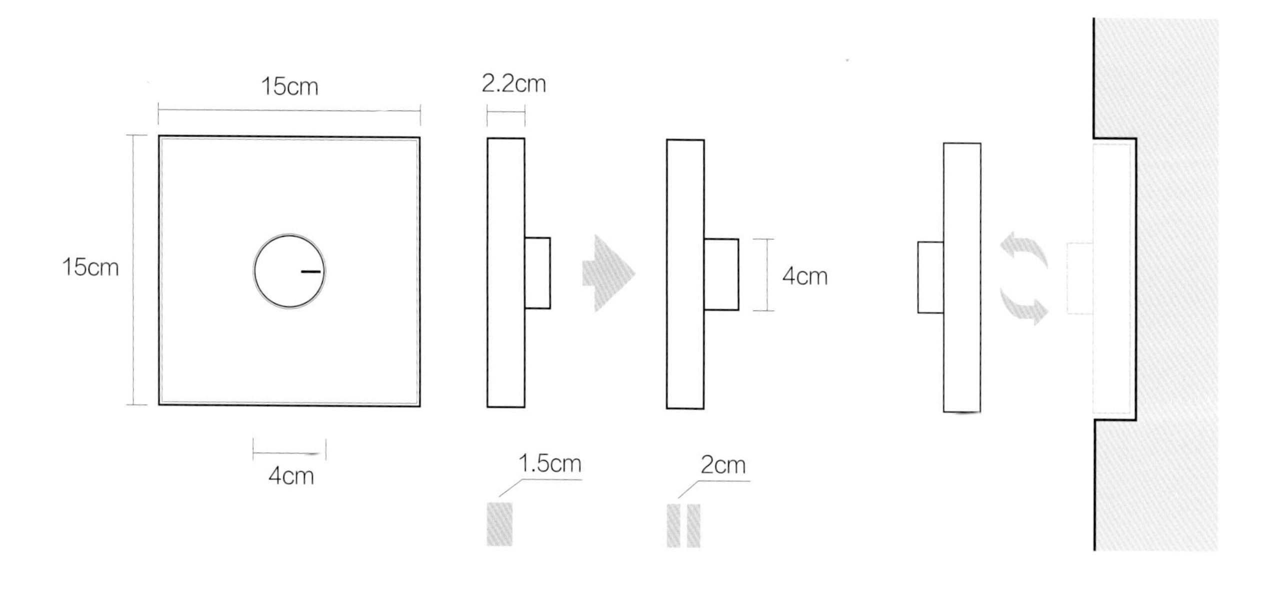

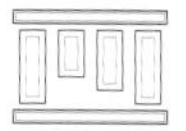  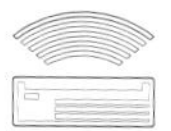  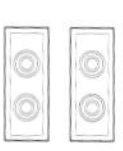

○ ○ ○

功能之无穷性

面对多元化的现代生活方式，在城市生活中寻求一种人性化的回归。在保持传统的触觉体验下，采用固定或便携的灵活方式，也为空间中的存在增加一份灵动性。旋钮以钟表化的概念保持着人文的表现方式，液晶化的面板以变化的方式适配周边环境，更以程序化的方式对应内容的选择和改变。契合室内空间的智能化趋势，使灯光、窗帘、空调、电脑、电视和音响等一系列家庭基本设备实现集成控制。

In today's modern diversified life-styles, a return to humanization is sought for in city life. Keeping the traditional touching experience, also serving as a flexible definition of existing spaces, it could be fixed as well as portable. The knob keeps a human expression in the way of a timepiece. LED panel adapts to the environment in its changing methods, using programming to keep up with the changes in context and selections. To align with the future interior design intelligence trend, basic equipments such as lights, curtains, AC, computers, TV and acoustics will be integrated into central control.

表现
Expression

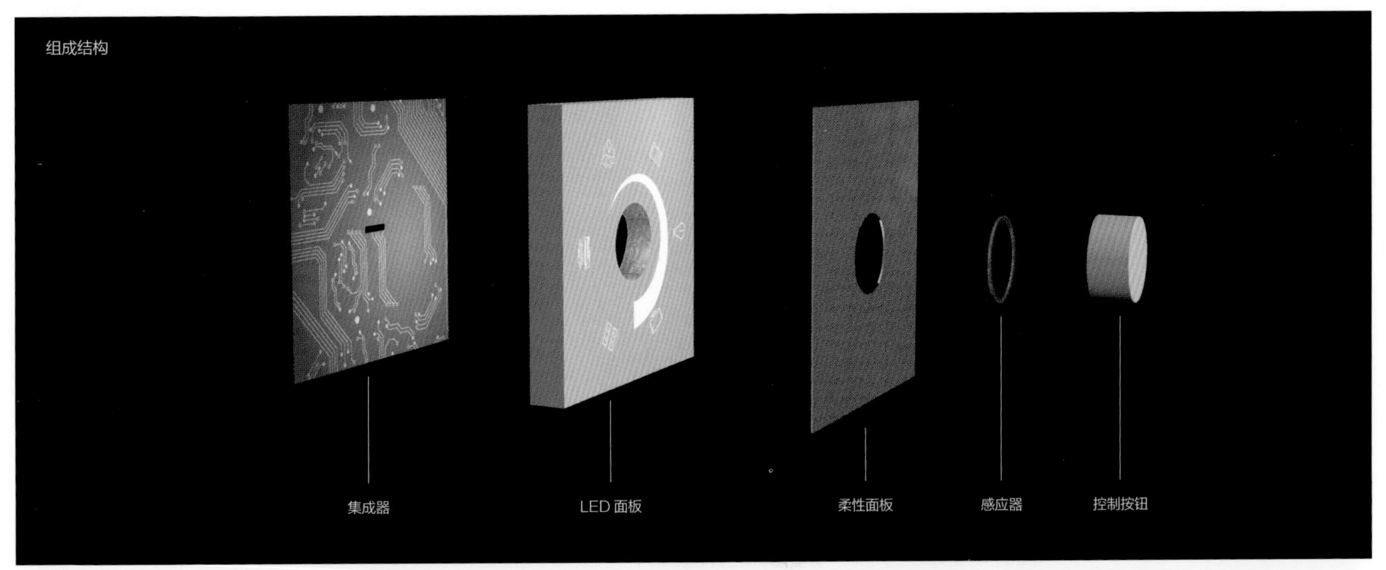

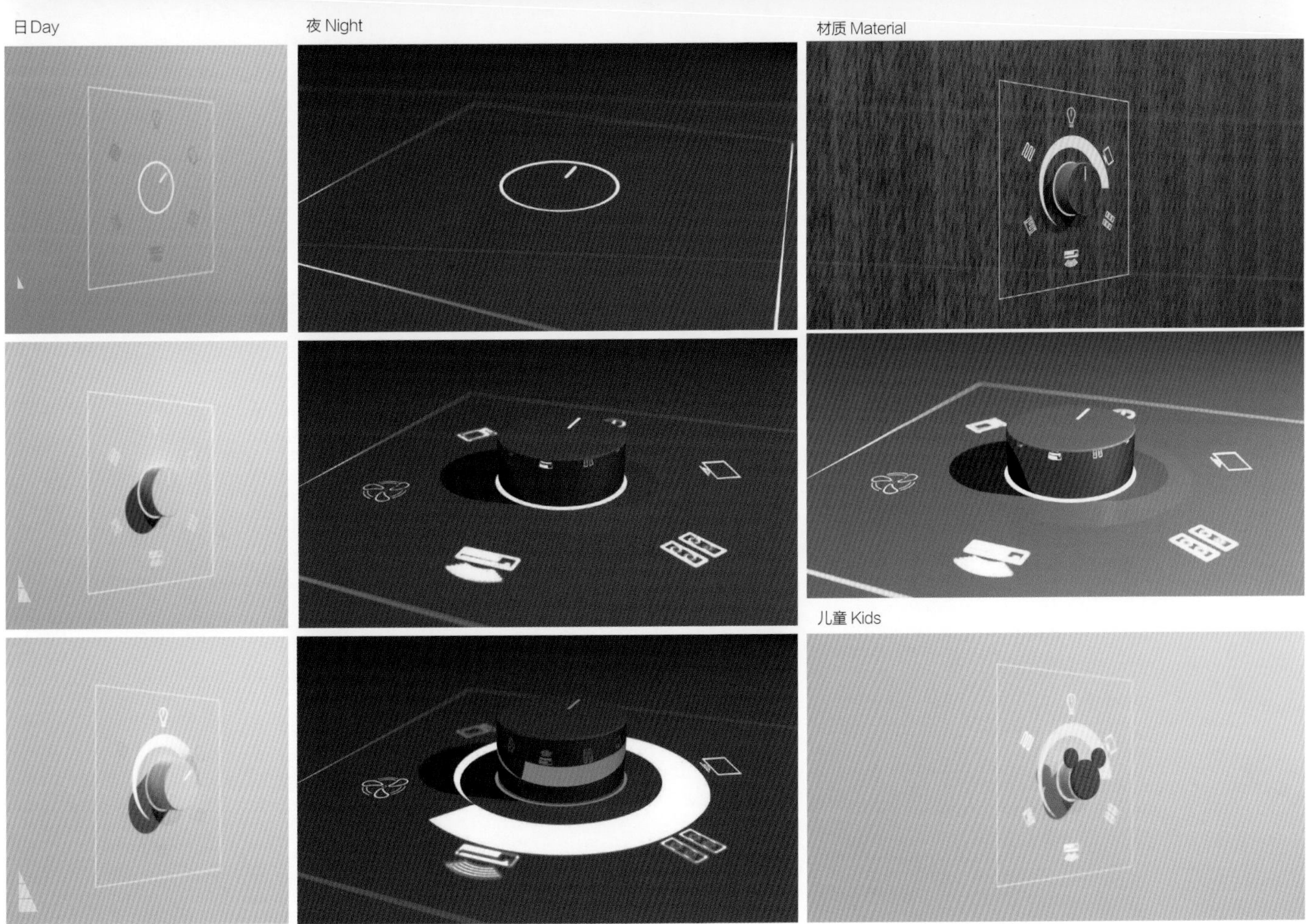

观·启空间
设计·应对未来发展
Design For Future Development
designrepublic

■ 李瑶：趋势中的传统观

原本并未曾计划出此章节

成书之际突然有种冲动

对过往设计中一些富有创意而未能实现的构思方案做个汇总

既是对过往的设计历程做一回望

对许多美好的设计愿望因为设计之外的种种而未实现表示遗憾

也希望能更坚实地踏入下一个设计旅程

……

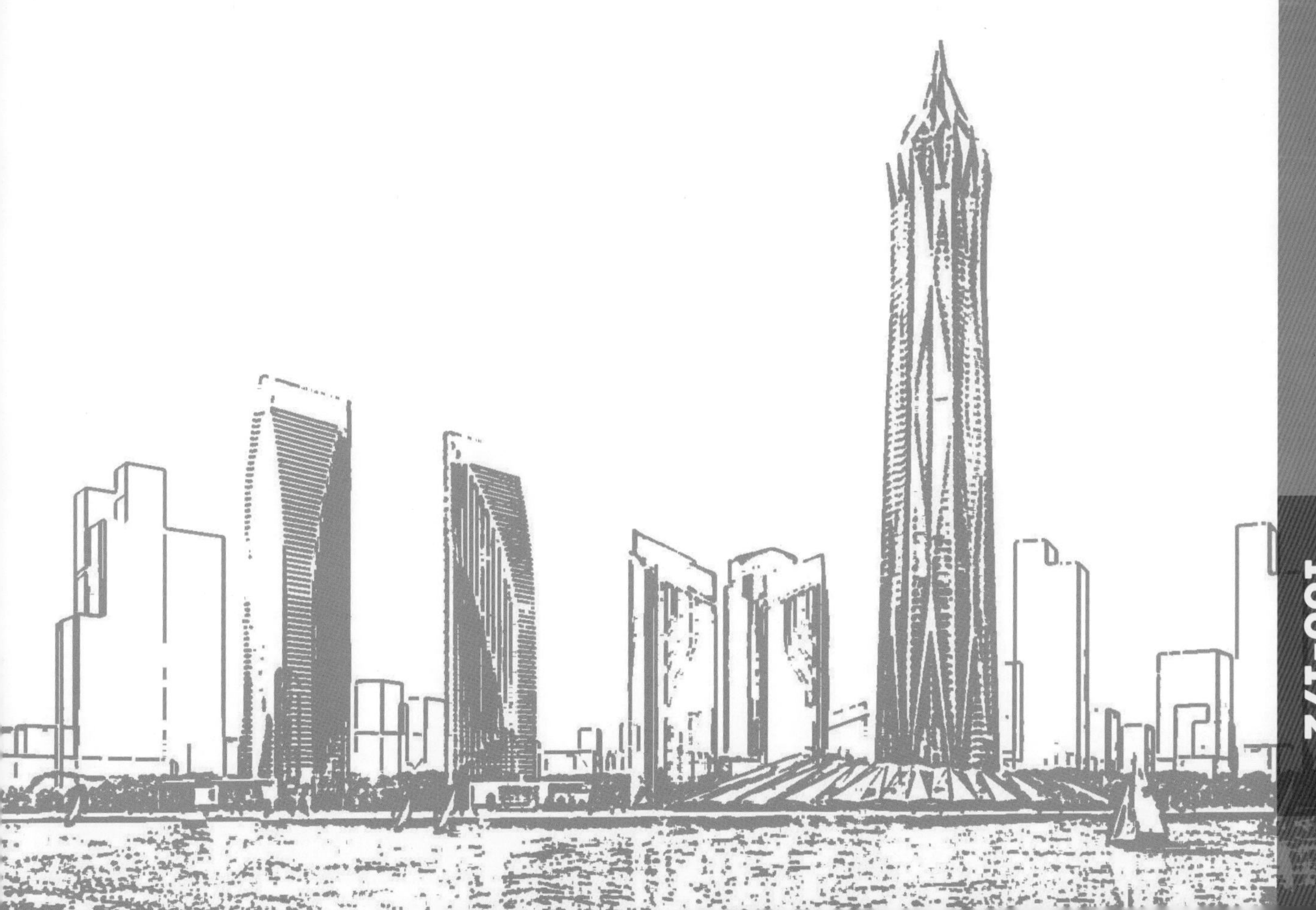

印度之钻

地　　点： 印度古吉拉特邦GIFT项目D地块
业　　主： 古吉拉特经济开发区管理局
类　　型： 商业/办公综合体
建筑面积： 333600m²
设计阶段： 方案设计
设计时间： 2006年

夜景效果图

印度钻石之塔是在负责华东院国际部时期的作品。中国改革开放的成就刺激着我们的近邻，商贾汇聚的古吉拉特邦地也比照着陆家嘴的CBD地区，挖掘地域深入的商业背景是项目存在的基础。

作为全球最大的钻石加工基地，由钻石加工的概念作为设计手法以可视化的物性化表达——切割、收分、汇聚的加工工艺用建筑手段表示，创造了全新的地标概念。当方案在一片掌声中确定后，也随着金融危机浪潮的来临被冲刷得不留痕迹……

透视图

裙房效果图

阿联酋 · 三叶大厦

地　　点： 阿联酋阿布扎比
业　　主： MAAM
类　　型： 商业/办公综合体
建筑面积： 360 000m^2
设计阶段： 方案设计
设计时间： 2008年

阿联酋三叶大厦是进军中东市场的首秀，独特的气候条件以及纷繁复杂的设计模式，已将业主的口味提升到极致。结合项目的特征，以一种三维组合的方式，完成了一个独特的造型呈现。在完成方案之后，由于中东市场需要设计企业的落地性，最终也戛然而止……

透视图

鸟瞰图

Cantona

广州电视台

地　　点：广州市
业　　主：广州电视台
类　　型：广播电视制作/酒店
建筑面积：200 000m²
设计阶段：投标方案
设计时间：2007年

广州电视台新址方案是在央视项目后的专业出击，珠江边的媒体广场兼具了城市景观性和公共参与性。城市窗口、市民平台等规划出建筑的整体构想，也响应非玻璃幕墙的绿色节能建筑理念，并成功地进入了竞赛首席，只可惜全玻璃幕墙依然撼动了绿色的竞赛要求，唯有悲凉地和珠江失之交臂……

透视图

鸟瞰图

武汉中山舰博物馆

地　　点：湖北省武汉市中山舰园区
业　　主：武汉地产集团
类　　型：展览
建筑面积：24 000m²
设计阶段：投标方案
设计时间：2008年

这是个人最钟爱的项目设计之一，面对一艘承载中国历史片段的军舰，设计将带给参观者更多停顿和冥想，顺应舰船尖锐的三角体块成为母体，不同的组合组织了室外广场到序厅以及军舰展示的过程。

同样可惜的是，方案深得馆方喜爱却仍然无缘实施，只能在建成物中依稀寻觅记忆的影子……

透视图

图书在版编目（CIP）数据

大小建筑进行时 . 2 / 李瑶主编 . -- 上海 : 同济大学出版社，2014.11
（大小建筑系列 . 第 2 辑）
ISBN 978-7-5608-5697-1

Ⅰ . ①大… Ⅱ . ①李… Ⅲ . ①建筑设计 – 作品集 – 中国 – 现代 Ⅳ . ① TU206

中国版本图书馆 CIP 数据核字 (2014) 第 274091 号

主　　编　李 瑶

编辑团队　吴 正　尹 佳　徐朔明　马 进
张 杰　邱定东　史 立　杜志衡

版面设计　娄奕琎

摄　　影　庄 哲　刘其华　李 瑶

大小建筑系列 · 第 2 辑

大小建筑进行时 · 2

李 瑶 主编

出品人 支文军　**责任编辑** 张 睿　**责任校对** 徐春莲　**封面设计** 娄奕琎

出版发行　同济大学出版社
经　　销　全国各地新华书店
印　　刷　上海景阳画中画印刷有限公司
开　　本　889mm × 1194mm 1/16
印　　张　11.5
字　　数　368 000
版　　次　2014 年 11 月第 1 版 2014 年 11 月第 1 次印刷
书　　号　ISBN 978-7-5608-5697-1

定　　价　188.00元